實用

知識

寶鼎出版

直播創業導師、魅力演講教練
洳冰
著

3個核心能力 × 82個成交策略
帶你從0到直播帶貨達人!

直播變現關鍵三力

LIVE

導讀

亨利溫　個人品牌經營顧問

數位媒體時代，如何做到靠直播變現呢？

首先，我們先了解一下大環境的狀況。

二〇二三年，走過了疫情的摧殘，世界已逐漸恢復既有的元氣，人們紛紛回歸線下生活，各大企業也開始重新招募人才，填補在疫情期間刪減的職位。

然而，即使世界正在恢復正軌，但有些已經改變了的事情，卻也永遠刻印在人們的生活習慣之中，其中之一我認為就是：「線下體驗的線上化」。

相較於過往，疫情時間因為不能出門，也不敢出門，人們開始轉移許多本來習慣在線下做的事情到網路上，比如會議、上課、看表演、聽演講等，你幾乎可以在家透過影片與直播，去看到、聽到、學到、買到任何你有興趣的事情。

這個現象，大幅提高了人們對數位媒體的接觸頻率與時長，但也因為能看的資訊實在太多了，所以也同時降低了人們的耐心與專注度。

所以可以這樣說，整個大環境的現況是，人們已習慣為你的數位內容停留、觀看、甚至是付費，但前提是，你的東西要能夠在開頭就抓住他們的注意力，要能夠在中段讓他們感受到價值，要在他們離開前產生想擁有的渴望，最後才有機會讓他們成功下單結帳。

這個底層邏輯，能應用在圖文、影片素材的製作上，也包含了一場直播的規劃。

再來，當無數的內容產製者，小至經營自媒體的個人IP，大至提供線上線下服務的品牌公司，都想透過影音與直播，去搶佔人們的注意力時，我們想要脫穎而出，就必須注意到：流量X轉換率X客單價，這個黃金公式，這個公式可以幫助我們用三個層次，去檢視自己的內容策略，並找出需要精進優化的地方。

1. 用內容，創造流量

如果你希望有人認識你，追蹤你，到付錢支持你，必須知道，名聲這件事情非一朝一夕可以獲得，因此在日常透過社群經營、提供有價值、高互動性的內容，去養成新用戶的追蹤並提升自己的知名度，是重要的第一步。

流量做得好，等於打通了整個變現漏斗的第一層，讓我們能被廣大的潛在消費者給認識。

2. 把流量變存量，提升轉換率

有了穩定的流量之後，再來我們要加固這些流量，讓人們熟悉看你、聽你、學習你的分享，也就是讓他們養成習慣，定居在你的社群與直播之中，這就需要從內容的題材、互動的形式與頻率，以及藉由私領域社群的經營來做規劃。

存量做得好，讓游離不一的粉絲變成鐵粉，是提升變現轉換率的關鍵。

3. 洞察需求，貢獻價值提升客單價

當你有了一群習慣與你互動的鐵粉，再來無論是要推廣其他品牌的好物，或是你決定推出價格、商品與服務給你的粉絲，都可以藉由掌握他們的需求，去針對「迫切想解決的痛點，渴望實現願望的爽點」進行宣傳。

很多時候，價格的高低，是取決於價值有無被消費者感知與認可，而要讓消費者認可，就考驗了內容經營者的台詞、表達能力與說服力。

上述這個「流量X轉換率X客單價」的公式，是作者在書中提出的精煉整理，不僅貫穿她全書的架構，也引導讀者去思考在做直播規劃的時候，如何連動品牌、社群做配套的經營規劃。

而這樣的見解，也與我過去經營自媒體超過四年，並透過推出知識產品創造百萬營收的經歷不謀而合。我相信透過作者在書中的教學，從大方向的策略，到細節的執行技巧，都可以讓正在閱讀這本書的你，完整了解在這個時代該如何靠直播變現。

甚至，當你看完作者分享的教學與案例，並開始親身把技巧應用在生活中後，你也能夠進

一步的認識到，原來，直播只是一種手段，變現只是做正確事情的結果，當你掌握數位媒體時代的「底層邏輯」時，無論你想經營什麼類型的媒體，無論是運用文字、圖片、甚至是聲音當作媒介，你都能有所策略的去提升表達力，增進說服力，創造變現力，成就屬於你的事業與影響力。

預祝學習愉快！

推薦語

迦冰對直播有自己獨特的認識，她的直播也很有感染力。我推薦大家閱讀、借鏡這本關於直播的專著！

——**葉武濱** 易效能創始人、時間管理專家

迦冰在演講領域已經深耕十多年，總結出自己的體系，具有獨特的風格。她的這本書對直播演講做出多角度的詳細拆解，能讓你在直播演講中少走很多彎路。

——**王一九** 個人品牌私教、《從0到1打造個人品牌》作者

迦冰對直播演講有著十足的熱情，是有深刻造詣的實踐者，這本書正是她實踐經驗的結晶。閱讀本書，讀者能在不知不覺中提升自己的直播魅力，我真誠推薦此書。

——**美多** 利他學堂創始人

迦冰是值得所有女性學習追隨的魅力演講導師！她的這本書透過對表達力、說服力和變現力的拆解，能夠讓廣大讀者在直播主成長的路上少走很多彎路，實現真正的倍速成長。

——南汐　女性幸福陪跑師

演講具有吸引和號召的魔力。你的思想、能力可以透過演講，用極具魅力的方式來改變世界。迦冰正是這樣一位有魅力的演講者，她獨特的表達力、說服力，以及帶領學員變現的戰鬥力，已經證明這是一本實用至上的演講寶典。我推薦每一位創業者學習。

——佩娜　社群架構師、佩合社群創始人、全球合夥人體系引領者

在演講這個非常古老的領域，迦冰不僅提煉出一套自己獨創的「魅力演講」心法，而且將其融入當下正處於風口的直播產業。本書有原理、有實操、有細節、有案例，我推薦大家閱讀，一定會讓你耳目一新！

——末夏　語音寫作教練、寫書教練

迦冰是一位全能魅力演講導師，她就像海裡的一盞明燈帶領我們前行，到達彼岸。本書正是她對直播演講的經驗總結，我希望此書的光輝能夠帶領更多人到達成功的彼岸，實現成為直播達人的目標。

——婭婭　國際影視新星時尚小姐模特大賽總冠軍

我在付費學習之路上可以說是閱「師」無數，洳冰是我遇到的最用心、讓我收穫特別多的老師。在她的指導下，我一場十二小時直播的預售額超過三百萬元！如果你想打造個人IP，就一定要閱讀她的這本書，我相信能夠幫助你消除很多直播工作中的困惑。

——李娜　娜家整理創始人

洳冰是一位經驗豐富的直播演講變現教練，在她的指導下，我調整自己在直播中的表達方式，也懂得了聽眾的真實需求。所以，我強烈推薦你閱讀她的新作《直播變現關鍵三力》，本書對於在直播工作中有困惑的你就是一場及時雨！

——培元師兄　生活修道人

洳冰是一位值得所有人跟隨學習直播演講的導師。閱讀她的這本新作，你將能從中學習到她獨創的直播演講體系，體會到她別具一格的即興點評，不知不覺間就提升自己的直播演講能力。我相信在直播工作中，本書一定能夠讓你受益良多。

——劉孟珠　福州大學心理中心諮詢師

什麼是魅力演講？我的理解是你的演講非常有魅力，並且極具吸引力。洳冰老師的魅力演講體系非常適合女性創業者。經過她指導的學員，直播演講能力都得到非常大的提升。本書展現她在直播演講方面的能力和魅力，我相信閱讀這本書能夠讓更多人深入瞭解並學會真正的魅力演講。

——雲舒　幸福力家庭美學導師、念花堂品牌創始人

你完全不用擔心有貨賣不出去，現在你只需閱讀洳冰老師的這本書，打開手機做一場直播，就可以魅力綻放、感受直播帶來的財富變現力和人格魅力。

——盧不斯　商業個人故事片導演

兩年前，我有幸跟隨洳冰老師學習直播演講，在學習中感受到她超強的組織力、表達力、感染力。本書是她對直播演講的經驗總結、方法提煉，我相信能夠幫助到想要提升自己直播演講能力的人。

——張嘉勤　美國紐約資深保險及財務規劃師

每次直播時，洳冰老師的表達力和說服力都超級強大，關鍵是變現力也非常驚人。她終於把自己的直播經驗都分享出來，我強烈推薦想做好直播的人來看這本書。

——陳雨思　集美司品牌創始人

個人IP核心競爭力的最大差別不在於內容的優劣，不在於原創與非原創，不在於形式表達流暢與否，甚至不在於後期剪輯與包裝的節奏感及創意感，重點在於IP的人格魅力。我一直認為，用別人的實踐經驗來縮短試錯的時間和路程是一種非常值得推薦的學習方法。泇冰用自己的實戰經驗，在書中全面講述如何提升人格魅力的實操技能，我推薦給正在準備或已經在打造IP的朋友們。

——**史潔** 互聯網博主、「羅輯思維」「凱叔講故事」創始合夥人

推薦序

新的一年即將到來，全球經濟依然低迷，但未來的不確定性裡也許隱藏著重大機會。輕創業已經成為眾多想改變現狀者的共同選擇，直播已經被許多創業成功者證明是一個很有效的工具和手段。無論是抖音，還是視頻號，都具有流量大、收益空間大、持續成長性強、門檻低、流量及營運成本低的巨大優勢。只需一部手機，任何人都能夠隨時隨地開始工作。在當下及未來一段時間，直播仍處於機會紅利期。但對於正在閱讀這本書的你來說，卻可能存在以下問題：

- 想開直播很久，卻遲遲不敢行動。
- 別人開直播很快粉絲成百上千，自己的直播間卻門可羅雀。
- 自己的直播間終於累積不少粉絲，但遲遲無法帶貨。即使帶貨，成交額也少得可憐。
- 大家的直播內容表面上都相似，但是其他直播主的帶貨單價可達幾萬元，自己的帶貨單價卻連百元都到不了。

- 有人開播不久便能一場帶貨幾十萬元，甚至成百上千萬元，但自己連想都不敢想。
- 看過不少大咖的分享祕訣，但自己依然感到無處下手、無法堅持，達成不了自己的目標。

這本書就是來為你解決以上問題的。

一年多以前，本書作者也是直播產業的新手，首播時的粉絲量只有個位數。但是，現在她的粉絲量已經超過十萬個，由她直播成交的線上課程也從最初的一元課進化為七萬元的私教課。二〇二〇年八月，她的一場直播更是創下預售成交六百一十六萬元的紀錄。

此外，作者還用書中的理論和方法成功指導不同產業的多位學員，這些學員僅用數個月便從首播零成交進化為一場直播成交三十萬元到百餘萬元不等。本書的內容不僅是作者自己實踐經驗的歸納和總結，而且是經過教學檢驗的、行之有效的、系統性的直播進階學習和行動指南。

作者能如此迅速地成長為直播教育領域熱度較高的直播主和創業導師絕非偶然，她有著八年的線下培訓經驗，曾在某大型培訓機構的三千多名講師中，憑藉自身的能力多次斬獲公司業績第一名的好成績，個人年業績達三千萬元。

二〇一九年，她開闢「魅力演講」開始自主創業。作為洳冰成長教育機構的創始人，她心懷大愛，憑著自己豐富的培訓和教學經驗，持之以恆地為學員高效輸出學習精華，充分發揮自己扎實的教練能力、課程設計能力，以及敏銳的商業觀察力、市場感知力和事業想像力，開發並多場次交付包括「生命色彩能量」、「演講成交」等十幾門魅力演講類課程，創立自己獨特的「三維價值」演說體系，並成立洳冰創業聯盟，指導上千名創業者成功開創以直播為重要手段的線上事業，或實現線下到線上的事業轉型。其中有幾十位學員的事業不到一年就做大做強，年成交額達到百萬元乃至千萬元，達到以演講和直播為全產業賦能的初步願景。

實際上，作者不僅對專業技術有深入的研究，還對社會和人性有深刻的瞭解與體會。她曾說過，「成功如果有捷徑，那就是堅持用正確的理念和方法做奔向目標的事」、「少走彎路就是走捷徑」。她把自己成長過程中經歷的磨難和挫折，總結成送給大家的「避坑指南」。

直播的本質是以直播為手段與觀眾進行溝通交流，透過溝通交流向觀眾輸出自己的觀點和價值觀念。在這個過程中，直播主要與觀眾共情，進而建立信任關係，再透過一系列方法刺激觀眾的購買欲，推動觀眾做出購買決定，最終成交。觀眾由此成為產品的用戶、直播主的粉絲，自發跟隨直播主，對直播主產生依戀；而直播主也能夠完成持續成交的目標，使自己的粉絲主動裂變，進而持續建立自己的事業藍圖。

作者以她獨特的視角，把這個複雜的行為體系重新解構後歸納為以三力——表達力、說服力、變現力為核心之直播達人成長的底層邏輯，即用以魅力演講為核心的表達力、輸出內容和價值的說服力、形成以遵從人性為基礎和以成交為結果的變現力，實現直播的商業模式。

在作者的直播理論體系裡，只用一位直播主或一場直播的成交額是無法判斷直播的成功與否和進階方向的。在實踐過程中，作者歸納出一個非常簡潔的公式：

直播價值＝流量×轉化率×客單價

● 流量的重要指標是粉絲（如數量、活躍度、在線時長等），表達力決定了直播主能否吸引粉絲；
● 轉化率即成交人數佔在線粉絲人數的比例，是變現力的具體展現；
● 客單價是直播內容在受眾中價值認可程度的表現，也就是三力中的「價值」說服力。

書中案例全部來源於真實事件，這些產生過結果的文字凝聚千萬元以上的價值。所以，我認為本書不是看一遍或幾遍就能完全發揮它應有的價值。從接受書中的內容到形成自己的認知，再到將認知在實踐中內化為自己的技術和能力，你在這個過程中可以不斷增強自己獲得成功的信心，最終達成自己心中的目標。書中有些內容，你需要看很多遍才能夠完全領會其中的奧妙。如果你最後能把這本書看成九個字——表達力、說服力、變現力，並在直播中實現自己的目標，就是對作者最大的肯定。

身為教育培訓產業的資深講師，作者除了自身鑽研和實踐以外，還每年花數十萬元充電學習，很多知識付費平台的創始人都成了作者的朋友、老師或學員。作者用結果說話、厚積薄發寫成的這本書也得到這些大咖們的熱切關注。在本書的推薦語中，你也能夠充分感受到他們作為各自領域的領頭羊代表和精英對作者及本書的精彩評述。

五年前，在杜拜舉辦的一個收費超過六位數的商業效能課程上，我與作者相遇相識。這兩年，我更是她的近距離觀察者和活動參與者。因此，以上關於作者成果表現的描述皆為我親眼所見的事實，我這篇文字也在更多地講述作者是怎樣的人、為什麼寫這樣的書等這本書背後的故事。

最後，我祝願本書能夠得到廣大讀者的喜愛！

潘治治（雲上飛豬）　資深投資人、品牌商業顧問

自序

我在線下培訓講台上站了八年，也享受到所謂「台前」的巔峰時刻。在最近兩年，面對突如其來的改變，我想做點什麼。我擁有這麼多年的演講和培訓經驗，總能夠在這個時代「破局」重生一下吧！

二〇二〇年二月底，我在百無聊賴的情況下刷起抖音，並且開始我人生的第一次直播。我每次都認真備課。一小時的直播，我要在直播前一天花六～八小時才能備好課程的知識內容，然後很認真地開始可能只有幾個人在線的直播。

即使開始是這樣，我還是找到了直播的樂趣，也充分發揮自己的演講功底。我對自己說：「試試看，一定不會有損失，最差的結果就是花點時間而已。」

在直播過程中，我總結以下三點規律：

- 心態上絕對不要有太多的期待，不然失望可能更大。
- 做自己喜歡的事情。對於喜歡的事情，你總能找到各種方式讓自己享受起來。

● 勤奮、認真，不含糊地對待每一件要做的事情。

我的一位私教學員是福州大學老師、心理學專家，她說第一次看到我直播是在視頻號上，在線人數少得可憐，沒想到兩年後，我的直播越講越好，粉絲數量也越來越多。她很詫異，於是開始瞭解我，知道我的情況後果斷成為我的高階學員。

這樣的案例不勝枚舉。其實，我只是一個很普通的創業者，我也沒有專門向誰學過直播。對於直播，我只是自己摸索出一套方法，總結出一套理論。我也喜歡看抖音直播帶貨的熱烈場面，喜歡研究一些知識IP的成功路徑，思考淘寶直播每個產品的展示方式。這樣細微的研究過程，讓我完成從0到變現百萬元再到千萬元的目標，也孵化出許多跟隨我學習的創業者。

有結果的事情和理論，一定是知行合一、值得你參考的。於是，我將能寫的都寫出來，將能想到的案例都貢獻出來。這些全都是發生在我身邊的或者就是我自己親身經歷的事情，其參考價值遠勝於誇誇其談的理論，更具備現實參考意義。

「從0開始，怎樣準備做直播？」

「我的演講功底好像不太行，直播講什麼呢？」

「我開播了，可是變現能力太差，怎麼辦？」

「我嘗試變現，可是持續力太弱，怎麼辦？」

「我想全面學習包括演講成交能力、直播的全方位技巧和方法等課程，有沒有這樣的參考資料？」

如果你有以上問題，那麼我覺得你一定要認真閱讀這本書。可以說，本書中的理論、方法兼具實操性和可複製性。

透過大量的直播，我總結很多經驗，我發現表達力、說服力和變現力是很多人欠缺的三項能力。而本書中有大量關於這三項能力的重點突破方法和案例，能夠為你的演講魅力和直播變現能力插上一對翅膀，讓你的直播創業之路越走越好！

二〇二二年十月於福州

目錄

3 活絡氣氛
用強表達力讓直播不冷場

4 品牌建立
用品牌背書提高說服力

5 建立信任
直播主為何頻頻遭遇信任危機

6 吸睛文案

流程化布局，格式化模組

7 情境化展示

有圖有真相，現場展示

8 挖掘需求

觀眾的痛點就是直播主的爆點

11 促銷策略

多種組合模式直擊觀眾心靈

12 私域流量

多管道發力促進持續變現

13 直播魅力演講

魅力直播主打造計畫

1

底層邏輯｜直播為何需要表達力

現在是一個注意力稀缺的時代。可以說，抓住大眾的注意力，就抓住了大眾的錢袋。直播是一個吸引注意力的產業，要想讓觀眾願意聽、記得住、能傳播，直播主就要有更強的邏輯、更有效的表達，以及更精彩的內容。

能說不等於會說。能說是技能，會說是能力，直播需要行雲流水、口齒伶俐、思維清晰地表達。直播主要能用語言、文字、動作狀態，明確地把自己的思想、情感、意圖等表達出來，並善於讓他人理解和體會。

本章從直播的底層邏輯出發，具體說明直播為什麼需要表達力。

1.1 為什麼需要表達力？

作為一名每天面對鏡頭的直播主，生動的表達力越來越重要。這是因為如今的市場環境發生很大的變化，每個產業趨於網格化，品牌趨於人格化，消費者受情緒的牽引更勝理智。因此，直播主需要有足夠強的表達力，能準確描述產業、品牌人設，並且能帶動消費者的情緒，才能贏得更多關注，成功變現。

(1) 產業網格化

如今每個產業都越來越細化，像一個個網格一樣分出許多垂直的內容。從目前直播產業的發展態勢來看，垂直化的直播內容正在興起。例如，技能培訓類知識直播可以分為創業技能培訓、演講技能培訓、變現技能培訓等，每一個網格中的內容都可以單獨列項，成為一個直播主的獨特定位。

我曾經也因為定位的問題而困惑很久。最初我的定位是做線上培訓，這個定位讓我有很長一段時間都在底層發展，無法獲得更多的盈利。究其原因，我發現自己沒有找到更高價值的定位，以及更適合的服務對象。

我的定位主要是女性魅力演講教練，所以我需要更多呈現立體的魅力價值，表演得更加生動是我的個人亮點，也是我有別於其他老師的地方。有了這個細化的定位，那些想要一位靈動感強的客戶就會主動找到我，我也就成為這個細分領域中的唯一。

在產業中做縱向細分是如今的市場趨勢。因此，你需要有足夠強大的表達力精準描述自己所在的細分產業，即你的特點是什麼、價值是什麼、與他人有什麼區別。只有這樣，那些高價值客戶才能精準地找到你、為你下單。

(2) 品牌人格化

如果仔細分析那些爆紅的品牌，你會發現廣告行銷的時代已經過去，現在是品牌人格化的時代。無論是「你愛我，我愛你」的蜜雪冰城，還是老鄉雞的「土味」發送會，都在試圖打造一個人設讓消費者記住。

同樣，直播主也是如此。要想讓消費者記住自己的個人品牌，直播主就要學會透過表達力呈現自己的人格、人設，為自己貼上深入人心的亮點，形成自己的直播特色。

我有一位學員是做童裝銷售直播的。她在直播時為了更貼近客戶——寶媽們，就為自己打造「職場女強人」和「賣童裝的媽媽」的人設。她在直播中不僅銷售童裝，還會分享自己的育兒經驗和創業故事，吸引很多媽媽們的關注。

直白、乾癟的叫賣式宣傳已經打動不了如今的觀眾，直播主只有全方位、立體地展現自己，塑造一個觀眾喜歡的人設，才能化被動為主動，吸引觀眾的注意。

(3) 消費情緒化

原來的消費者去購買一件東西，不管是在線下還是線上管道，都是先有計畫，後發生購買行為。但是，隨著消費升級，銷售管道越來越多樣化，很多品牌不再被動地等著消費者產生購買需求，而是主動去刺激消費者產生購買需求。

以直播為例，現在很多以帶貨為內容的直播也不再只是喊「一、二、三，上連結」，而是會設計一個情境，將觀眾帶入情境，然後不斷挑起觀眾的情緒，讓他們產生購買需求，進而下單。而這個挑動觀眾情緒的過程，需要直播主擁有比較強的表達力和呈現能力。

綜上所述，表達力是一個優秀直播主不可或缺的能力，不管是描述定位、建立人設，還是帶起觀眾的情緒，都需要直播主能生動、準確地表達自己的觀點，呈現自己的價值，來感染、打動觀眾。

1.2 內容為王：由形式主導轉變為內容主導

在行動網路時代，直播平台越來越多，人人直播成為一大趨勢。雖然直播產業發展火熱，但其中也存在一些問題。原來以才藝展示、在線聊天、遊戲解說為主的直播，模式單一，只依靠粉絲的關注和抖內才能變現。而直播電商的出現雖然改變直播產業的格局，但其市場已經被少數代表直播主佔據。因此，普通人想透過直播實現彎道超車，最關鍵的是從形式主導轉變為內容主導。

僅有吸引注意的直播形式，直播不可能一直擁有可觀的流量。內容為王才是直播產業乃至整個新媒體產業未來發展的趨勢。

在傳遞文化和價值方面，直播大有可為。如何做好直播內容，使直播由形式主導轉變為內容主導呢？

(1) 堅持知識輸出

提到做內容，東方甄選可以說是一騎絕塵。在抖音，有無數個模仿東方甄選的帳號，可惜最後都不得其法。以東方甄選的代表直播主董宇輝為例，他將文化輸出作為直播導向，沒有大聲地叫賣，沒有過度渲染產品功能，他的解說甚至和賣貨無關。

作為一位老師，董宇輝將課堂搬到直播間。賣一塊牛排，他不僅告訴觀眾「steak」這個英文單字，還為觀眾講解單字的起源，講解維京海盜的歷史。東方甄選直播間的內容充滿人文情懷和知識含量，讓人深刻體會到知識的力量。

數據顯示，董宇輝直播間的觀眾多為一、二線城市的白領人士，這類觀眾是每個品牌都渴求的優質用戶。因此，很多品牌商都積極地尋求與東方甄選合作。

董宇輝的成功為已經固化的直播形式注入新的活力，讓有內容、有知識、有底蘊的直播，成為未來直播產業的發展趨勢。

(2) 打造明星＋創新內容

明星曾是很多直播間吸引粉絲的利器，他們憑藉天然的粉絲基礎擁有強勁的號召力和帶貨能力。然而，隨著眾多明星紛紛下場直播，粉絲的熱情也開始消退，那些在大浪淘沙後留下來的明星直播主，也開始在內容上下功夫。

二〇二二年六月十六日，遙望網路董事長親自為剛簽約的明星直播主楊子、黃聖依夫婦策劃一場以「天仙配」為主題的輕喜劇直播。結合楊子、黃聖依以往的影視代表作《天仙配》，設計直播故事線，其他工作人員也全都身穿古裝，並且每人都有角色人設，以讓觀眾能完全沉浸在直播中。

直播當天，黃聖依直播間新增粉絲六十萬人，多個話題登上抖音、微博等平台的熱搜榜，成功為「6．18」的直播預熱引流。有了這次活動奠定的基礎，在「6．18」直播當天，黃聖依直播間單日GMV（帶貨成交總額）達到一．二八億元[1]，在十二小時內位居抖音帶貨榜第一。

隨著直播內容同質化的加劇，明星身分不再是直播主的保護傘。雖然直播主本身自帶名人屬性，對宣傳有一定的幫助，但想在產業內長期發展，明星直播主也要運用自身優勢創新內容，而不是只依靠明星光環。

1 編按：本書提到的定價與銷售金額皆為人民幣。

(3) 打造純知識內容

對於一個以知識內容為主的直播主來說，相關數據不好，根源就是內容不好。綜觀那些能上熱門的高品質內容，大多能引起觀眾共鳴，互動率極高。那麼，知識內容的共鳴從哪些方面呈現呢？

①觀點強大

每個人都有慕強心理，就像每個人都更可能採納專家的意見一樣。如果你輸出的觀點讓人感覺非常權威，那麼就更有可能讓人信服。畢竟每個人都想跟著大師學習。

②知識能解決問題

你需要能證明自己提供的知識比觀眾以前知道的更詳細、更專業、更好，或者能像及時雨一樣為他們解決問題。這樣觀眾才會像收藏工具書一樣收藏你，讓你成為他們的助力工具。

③改變認知

在很多知識直播主的評論區經常出現這樣的評論：「這個東西還可以這樣，快點學，回去就用。」這是透過改變觀眾的固有認知，讓他們產生崇拜心理，最能體現內容的價值。

④案例解析

滿足人們「吃瓜看戲」的需要，也是一種輸出知識內容的形式。單純講授某一種知識，可能很難引起觀眾的興趣。這時，我們就可以拆解一個著名的產業案例，將細碎的知識點融入案例講解中，讓觀眾在放鬆娛樂的同時開闊視野，學習知識。

我經常在直播間裡講述自己的創業故事，作為自己知識點的解釋說明。例如，我在講解如何在直播間講故事時拆解了一個自己曾經歷過的職場故事作為說明。

第一步——目標：成為一個獨立女性，不被別人掌控婚姻。

第二步——阻礙：我去了上海，公司三個月發不出薪水，我面臨著個人經濟危機和內心的沮喪，依然堅持和老闆創業。

第三步——努力：我拚命跑市場，到全國各地參展。

第四步——結果：我拿到一個十萬元的訂單，老闆給我一萬元薪水，我繼續在全國努力開拓市場。

第五步——阻礙：老闆因為我太努力而開除了我。

第六步——轉折：我逐一向客戶打電話告別，做好最後一項工作。有一個客戶為我介紹新的公司，我來到產業排名前三的公司工作。

第七步——結果：我從一個普通員工升職到部門經理、品牌經理、分公司總經理、總公司副總經理，年紀輕輕就在職場上有所成就。

透過這個故事，我不僅講清楚講故事的步驟和方法，而且直播間的觀眾還聽得津津有味，並且更加認同我「創業獨立女性」的人設，可謂是一箭三鵰。

總之，東方甄選的爆紅代表著直播進入內容時代。直播不再只是一種交易方式，更是優質內容傳播的媒介。未來，擁有專業化內容的團隊能夠生產優質內容的品牌，將會成為直播界的「常青樹」。

1.3 賦能產品：銷售更順暢的祕訣

直播的三個重要因素是人（直播主）、貨（產品）、場（情境），這三個因素關係密切。要想打造吸引力高的直播間，讓產品的銷售更容易，直播主就要把握好直播的底層邏輯，提升人、貨、場的表達力。

(1) 人（直播主）

人包括直播主及整個直播團隊，其中直播主是與觀眾互動的最主要媒介，也是提升直播表達力的關鍵。直播主需要透過高超的表達技巧，拉近與觀眾的距離，增加觀眾的信任感，從而將產品更完整展示給觀眾。

例如，有一位直播主在向觀眾推薦一款香水時是這樣介紹的：「這款香水的香精濃度高達二〇%，主調是柑橘、檀香和雪松，混合成一種非常清新的木質香。」這位直播主介紹了許久，香水的銷量依舊不高。原因就在於這位直播主的介紹雖然很專業，但許多粉絲都無法聽懂他的介紹，自然也不會下單。

另一位直播主在推銷這款香水時則是這樣介紹的：「這款香水是用天然香精調製而成的，安全不刺激，留香時間約為四小時，香水的味道像是夏天雨後森林的味道。」該直播主只用簡簡單單的幾句話介紹，觀眾卻紛紛下單。因為這位直播主將「香精含量」轉換成觀眾更容易理解的「留香時間」，又把香水的味道形容為「夏天雨後森林的味道」。這更容易讓粉絲產生想像，在心中形成對香水香味的認知。

我在多年的演講培訓中，始終強調啟發觀眾想像力的重要。如果始終保持理性的狀態是很難做出消費決定的，感性的狀態更容易使人做出買單的決定。所以，透過情境描述使人產生想像力，讓人進入一種感性狀態，也是直播主的一種重要表達技巧，能在直播間發揮很關鍵的作用。

(2) 貨（產品）

直播中的貨並非只是有形的產品，也可以是無形的知識、課程、方法論等。產品需要直播主的介紹和情境的展示才能銷售出去。但事實上，如果選好品、梳理好賣點，產品本身也可以具有表達力。

現在，我們在深夜時打開淘寶會發現越來越多商家在用虛擬直播主直播。這些虛擬直播主雖然可以二十四小時不間斷直播，但與真人直播主相比，其靈活性和表達力稍差。因此，許多品牌方就相應提升夜間直播間產品貼圖的豐富度，包括產品樣式、優惠等，以此增強產品本身的表達力，彌補虛擬直播主的不足。

同樣，對於知識產品，如售賣課程，如果海報設計得很有吸引力（見圖 1-1），加上觀眾較高的好評率，也會讓人看完就忍不住要下單。由此可見，產品的合理展示也具備很強的表達力。

圖 1-1 「演講成交力」海報展示

(3) 場（情境）

除了直播主的表達力以外，情境的表達力對於直播也非常重要。優質的情境可以讓直播內容更吸引人，讓觀眾更有沉浸感。

很多直播間會透過別具一格的布置，打造劇場式、綜藝式直播情境，放大直播的娛樂效果。例如，直播主身著古裝，走在古色古香的江南小鎮中，然後向觀眾推薦當地的特色產品或旅遊行程，肯定比在棚內定點直播更有表達力和說服力。

優質直播間的架構是一個完整的流程，將直播主、產品、情境緊密聯結在一起。只有讓這個流程無縫銜接地運轉起來，產品銷售才會更加順暢。

作為一名知識直播主，我在二〇二一年十一月六日和二〇二二年七月三十日分別完成十二小時的直播，這兩場直播都達成數百萬元預售的目標，介紹的都是魅力演講的課程學習內容。

第一次展現了獨特魅力直播間，用六款不同的服裝代表不同的演說角色；第二次用七種服裝色彩代表不同的連線嘉賓。多種色彩的服裝使直播情境令人心情愉悅和放鬆，讓更多人可以在這場長達十二小時的魅力演講峰會中耐心聽下去，也讓觀眾對下一套造型充滿期待。而且，課程預售目標也順利完成。

我的實戰案例

在二〇二一年夏季，我曾經幫助雲南麗江的一位果農做芒果帶貨。那麼，我是如何賦能產品的呢？一是講好產品故事，二是賦予產品價值。

(1) 講好產品故事

很多人做直播帶貨都會講產品的功能、成分及使用價值等，這樣雖然也能賦能產品，但它不生動，沒辦法讓觀眾深刻體會到產品的好處。這時我們就需要為觀眾講解產品故事，即產品的使用對比，讓觀眾更直接看到產品的價值。

例如，我在直播間將當地的芒果和一般商店和超市的芒果做對比，包括芒果的產地、品質、色澤、果肉的厚度等，讓觀眾可以直接看出我們的芒果更優質。

(2) 賦予產品價值

這裡說的賦予產品價值不只是產品本身的實用價值，還有精神價值。我在直播時特別點明芒果乾都是手工製作，非常環保健康（說明產品本身的價值）。除此之外，我還講述果農的困難情況（賦予產品精神價值）。我說：「因為市場和物流的原因，麗江這一片的果園沒有人收貨，許多果農只靠著賣芒果維持生計，一個月只能收入一千元甚至幾百元。如果沒有大家的幫助，這些芒果就要爛在地上。但是，這麼好的芒果，又大又甜，實在太可惜了。我希望透過我的直播間，把這個芒果從麗江帶到全國各地去，幫助果農度過難關。」當時直播間的很多觀眾被助農精神打動，紛紛下單。

除了直播間，我還在社群及朋友圈宣傳這種精神價值，讓更多我的新舊粉絲們關注並購買芒果。

與此同時，除了銷售芒果，我還做了一個促銷。那就是花九十九元買十斤芒果，可以獲贈我價值九十九元的課程。這個策略結合知識與情懷，使產品賦能達到頂峰。這時我賣的芒果不僅擁有芒果本身的價值，還承載著助農精神及知識課程的附加價值。

直播主在帶貨時也可以從多個角度賦能產品，包括產品的基本價值、精神屬性、人生觀、價值觀等，把產品的價值豐富起來，讓觀眾有更多的獲得感，才能一步步地把銷售推向高峰。

1.4 信任傳遞：能帶來指數級增長，也可讓熱度降至冰點

信任是一把雙面刃，直播主可能因為得到信任而度過難關，也有可能因為失去信任而跌落谷底。近年來，知名直播主「翻車」的新聞屢見不鮮，直播產業風波不斷，引起大批網友的關注。風光無限的直播產業背後亂象叢生，這讓許多觀眾不再信任直播主，甚至對直播主產生根深蒂固的偏見。

影響觀眾對直播主的信任度的因素

影響觀眾對直播主的信任度的因素主要有以下兩個，如圖 1-2 所示。

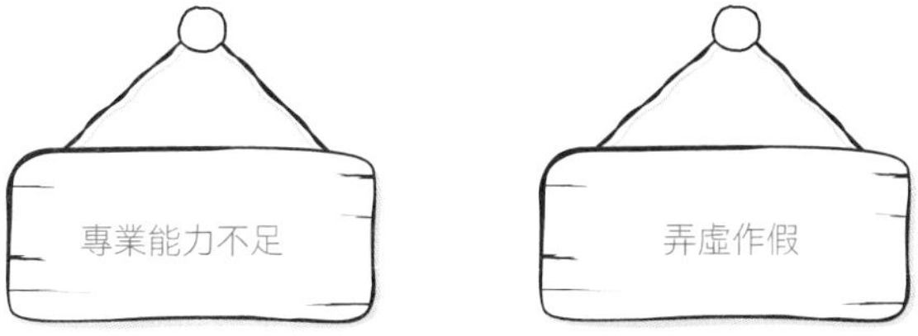

圖 1-2　影響觀眾對直播主信任度的因素

(1) 專業能力不足

直播是一場需要隨機應變的超長時間演示，很多直播主經常直播八小時，甚至十二小時，以不斷吸引流量，確保自己的直播始終有人觀看。在這樣漫長、高壓的環境下，直播主需要很強的表達力、控制力來把控直播間的整體節奏，保證不讓觀眾看到絲毫疲態。

台上一分鐘，台下十年功。想在直播過程中始終保持精神飽滿的狀態，直播主就要在平時不斷提升專業技能。例如，做知識付費的直播主就要極其熟悉專業知識，做到講的每一個專業問題都正確。否則，不僅容易降低觀眾對自己的信任度，還會影響變現效果。因為沒有人會從一個不專業的老師那裡買課程、學習知識。

(2) 弄虛作假

誠信是一切交易的前提，直播帶貨也不例外。被流量吸引來的各行各業直播主和被各種行銷活動吸引來的觀眾之間，並不存在信任基礎，觀眾對直播主的印象全憑直播主在直播時展現的形象。如果這個形象是虛假的，那麼這個虛假的形象能帶給直播主多少紅利，就會讓直播主遭受多大的反噬。

例如，一位做知識付費的直播主，其人設是名校畢業、深耕某產業十年。然而，如果他對外宣傳的人設是虛假的，有朝一日東窗事發，那麼不僅他前期累積的粉絲會流失，還會被廣大觀眾永遠貼上不誠信的標籤，哪怕轉做其他內容也會被質疑。

直播主向觀眾傳遞信任的方法

直播主與觀眾之間的信任並不是一朝一夕就能夠培養出來的。直播主需要不斷加強專業技

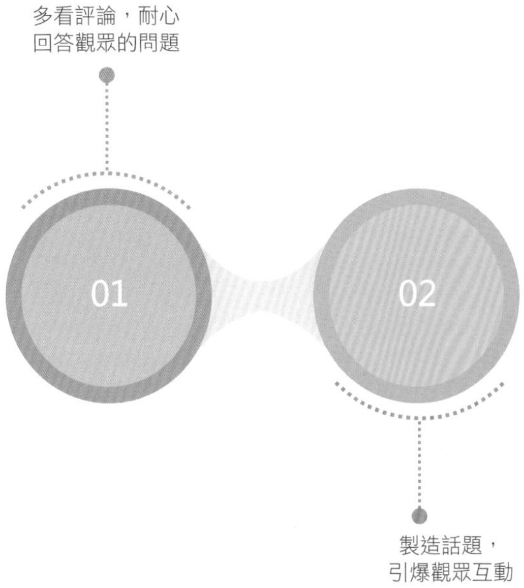
多看評論，耐心回答觀眾的問題
01
02
製造話題，引爆觀眾互動

圖 1-3　向觀眾傳遞信任的方法

能，誠信做人、做事，不斷與觀眾互動，以此加強與觀眾的連結，逐漸獲得觀眾的信任。直播主向觀眾傳遞信任的方法，如圖1-3所示。

(1) 多看評論，耐心回答觀眾的問題

回答觀眾提出的問題是直播主與觀眾進行互動的有效方法。在直播過程中，觀眾會不時地詢問一些他們沒有聽明白的問題，如產品細節、直播間的活動等。而觀眾進入直播間的時間並不相同，很多時候直播主已經回答前一位觀眾的問題，不久後就又有剛進入直播間的觀眾詢問同樣的問題。這樣的情況經常發生，直播主需要時刻對觀眾保持耐心，認真對待觀眾的每一次提問，以塑造耐心、值得信賴的形象。

有些觀眾或許會出於好奇而提出一些與直播內容無關的問題。例如，在直播時，直播主身後出現一隻小狗，觀眾就會好奇：「直播主是在家裡直播嗎？這是直播主養的小狗嗎？」對於這一類與直播內容無關的問題，直播主可以適當地做出回答。例如，「這是公司養的小狗，名字叫旺財，是我們公司的團寵哦。」這種回答既能滿足觀眾的好奇心，又能讓觀眾看到直播主生活化的一面，提高觀眾對直播主的好感。

直播主在直播間與觀眾的互動非常重要，雙向互動會讓觀眾在直播間有參與感。這有助於提高觀眾對直播主的信任程度，也有利於營造溫暖的直播間氛圍。

(2) 製造話題，引爆觀眾互動

在長達幾個小時的直播裡，如果直播主一直圍繞主題自說自話，難免會讓觀眾感到疲憊。因此，直播主要製造話題讓觀眾參與討論，引爆觀眾互動。

例如，在直播間，求認同、打造「直播主金句」等互動行為都非常重要，能增加整場直播的熱度。

在直播前，直播主可以準備三、四個話題。這些話題要與直播主題相關，避免內容過於敏感，最好能在輕鬆愉悅的氛圍中把直播間的熱度炒熱起來，讓觀眾更加積極地參與直播互動。

例如，直播主銷售理財課程，可以拋出一些理財的痛點話題讓觀眾討論，如基金定期投資如何做、如何進行無風險理財等。

在講演講主題時，我會經常提問：「大家演講最頭痛的是什麼？是成交不好，還是邏輯不清晰？」有一次直播討論到每個人的演講風格不同，對於風格的解釋，我和觀眾就在直播間互動，提出一些問題。例如，老虎的特性是什麼？孔雀的特性是什麼？大家紛紛在螢幕前作答，互動感特別強。

直播主在與觀眾進行話題討論時，也能夠使觀眾看到自己對某些事件的獨特見解，展現自己的專業性，增加表達力。雙方可以在討論中加深瞭解，拉近彼此的距離，直播主也能因此與觀眾建立信任關係。

1.5 共情力量：高親和力拉近直播主與觀眾的距離

人與人之間的交流，其實是情緒、情感的傳遞。與觀眾共情是拉近直播主和觀眾距離的捷徑。那麼，直播主如何做到共情呢？

(1) 增強幽默感

俗話說，伸手不打笑臉人。人們都更喜歡接近風趣幽默的人，對他們更容易卸下心防。

例如，某直播主說普通話時會帶有方言口音。在一次直播中，一位粉絲評論道：「直播主還是捋好舌頭再說話吧，這樣講話聽著真彆扭。」這句話使直播間的氣氛瞬間降了下來。但是，該直播主並沒有因為這位粉絲的話而生氣，他笑著說：「之前有人問我，作為直播主怎麼連普通話都說不好？其實，我是怕我普通話說得太標準，把你們迷倒。」這一番話不僅巧妙化解尷尬，也讓直播間的氣氛再次活絡起來。

有一次講到普通話問題，我曾直接回答：「如果你愛我，我所有的缺點都是特點；如果你不愛我，那麼我所有的特點都是缺點。」一時之間，粉絲紛紛留言「我愛你」。

(2) 與觀眾統一語言

如今，年輕人已經成為直播的主要觀眾群。因此，對於直播主來說，如何吸引年輕觀眾的關注變得十分重要。直播主需要深入瞭解年輕觀眾的生活，和他們「打成一片」，才能獲得他們的認可，吸引他們觀看自己的直播。同時，直播主可以學習一些流行語，以便與年輕觀眾交流互動。

(3) 尋找共同話題

從共同話題入手，與觀眾展開討論，能夠展現直播主的親和力，拉近與觀眾的距離。例如，自從支付寶開放理財直播以來，越來越多的基金公司也加入直播行銷的大軍中，搶佔直播流量風口。相比帶貨，這些基金公司更傾向於進行知識型直播，因為投資者最關心的是基金公司是否與自己站在一起。基金公司透過直播解答投資者關心的問題，輸出投資的理念、方法、觀點，樹立嚴肅、專業且值得託付和信賴的形象，拉近與投資者的距離，真正做到利益共享、風險共擔。

共情是與觀眾建立信任關係的捷徑。直播主要針對觀眾最敏感、最關心的問題進行共情，以此讓自己的表達更有力度，更吸引人。

1.6 審慎選擇：平台選擇決定直播風格

直播產業風頭不減，淘寶、抖音、快手等主流直播平台都因此獲得飛速的發展。微信、京東、拼多多、網易考拉、小紅書、知乎等多個平台也紛紛布局直播產業，與多位明星合作，開展直播業務。

選擇一個合適的平台是直播主進入直播產業的第一步，這決定直播主將使用什麼直播風格與觀眾進行互動。淘寶、快手、抖音、視頻號的直播風格如圖 1-4 所示。

(1) 淘寶：強電商、弱娛樂

淘寶中的產品基本涵蓋所有品類，並且由於淘寶用戶中女性佔比較高，女裝、珠寶、美容護膚品類產品的

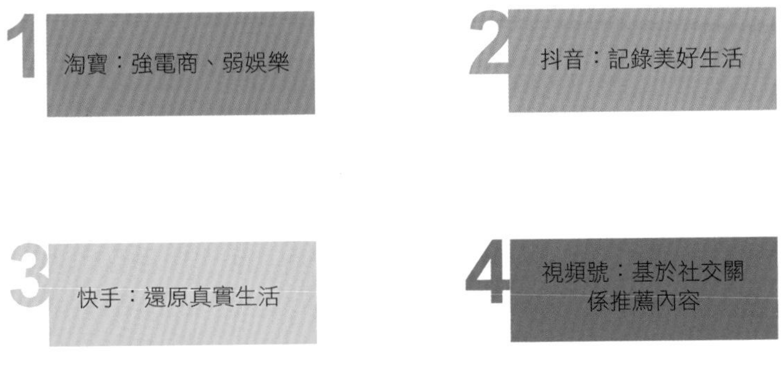
1
淘寶：強電商、弱娛樂
2
抖音：記錄美好生活
3
快手：還原真實生活
4
視頻號：基於社交關係推薦內容

圖 1-4　四個直播平台的直播風格

銷售額佔比最大、增速最快，因此商家腰部化[2]、消費者年輕化、市場下沉化[3]、直播帶貨品類多元化成為發展趨勢。

淘寶直播更強調電商屬性，也就是更強調產品的出售情況，而對直播中的娛樂內容並不重視。因此，大家往往可以發現淘寶直播的產品性價比較高。

(2) 抖音：記錄美好生活

抖音短影片作為目前中國最受歡迎的短影片平台，為直播提供天然的流量接口，這是其他平台無法比擬的優勢。

抖音直播更看重內容，因為很大一部分觀眾都是透過短影片管道進入直播間，所以短影片的播放量、品質將會直接影響直播的流量。抖音中的短影片傾向於向大眾展現積極的一面，更像是一個人美好生活的縮影。因此，我們可以看到，在抖音三十日內好物榜中，精品女裝、食品飲料、鞋包飾品佔比超過六成，二百元以下產品佔比超過八成。上述產品品類與抖音直播定位的一、二線城市「90後」、「95後」女性用戶角色較契合，她們擁有較強的購買慾望及一定的經濟基礎，對美妝、服飾、零食等品類產品的關注度更高。

---

[2] 腰部商家，指電商賣家缺少對消費者的研究，追求短期銷量、降價、燒錢的方式推廣。

[3] 下沉市場，指中國三線以下城市、縣鎮與農村地區的市場，消費者對價格敏感度高，重視性價比。

(3) 快手：還原真實生活

在沒有過多宣傳的情況下，快手的用戶量依然持續增長，一舉成為短影片領域的領導者之一。相比其他較「高大上」的同類平台，快手的定位似乎更加貼近真實生活，目標觀眾群也更加廣泛。

與競品相比，快手最大的特點是基於信任關係建立的短影片社群平台，而信任關係是直播最重要的基礎。快手的用戶主要是中國二、三線城市的居民，他們非常熱衷於分享自己的生活，透過真實、質樸的內容引起其他用戶的共鳴。因此，快手中熱銷的產品主要有零食、美妝、服飾、農副產品等，客單價為三〇～五〇元的佔比最高。

快手的觀眾——「老鐵們」非常信賴直播主的推薦，觀眾與直播主之間的感情比較深厚。快手上很多直播主透過和觀眾「閒聊」的方式推銷自己直播間的產品，因此快手觀眾的忠誠度略高於其他平台。

(4) 視頻號：基於社交關係推薦內容

視頻號是基於微信用戶資源搭建的。微信的主要功能是社交，最強大的資源是用戶的好友關係。所以，視頻號一開始就不走尋常路。與抖音、快手基於興趣推薦機制的陌生人社交完全不同，視頻號是基於社交關係推薦內容。

視頻號基於微信自身的屬性和特點，在資訊傳播過程中成了人們社交的中間人，從已有的熟人圈子出發，透過按讚把影片作品推薦給朋友的朋友，幫助用戶透過社交圈層去擴散和觸達更廣闊的人群。這是視頻號產品設計得最巧妙的地方。

視頻號的價值在於可以打造個人IP，提升個人影響力。我們微信通訊錄裡的很多好友可能已經「沉睡」好多年，甚至他們都已經忘記我們是誰、在什麼場合加過我們的微信。如果讓這些熟悉的陌生人就這樣一直靜靜地「沉睡」在我們的微信裡，他們不會產生任何價值。

我們需要用一個新的情境來活化他們，而直播間就是一個可以活化他們的最佳情境。透過直播間，我們和微信好友就可以進行即時、面對面的溝通。這些微信好友就好像我們的老同學，如果我們和他們很久都沒有聯絡，那麼關係可能就慢慢變淡了。只有經常見面，關係才能維持，甚至可以進一步加深。

直播產業中，不僅有以上平台在直播上發力，還有很多平台也在摩拳擦掌、積極布局。不同平台擁有不同類型的觀眾，為了迎合觀眾的差異化喜好，直播主在各平台的直播內容類型也要有差異。

1.7 及時「避坑」：直播主容易陷入的七大誤區

現在很多直播平台的規則逐漸完善，規矩也越來越多，直播主稍不留意就會被限播、被關「小黑屋」。直播主在直播時一定要注意避免陷入以下七大誤區：

(1) 法規

直播規則千萬條，守法第一條，直播主務必要遵紀守法。如果直播主做出違反法律法規、產業規範的行為，輕者暫時禁播，重者永久禁播，甚至承擔法律責任。

除了法律法規以外，直播主還要注意直播間話題的合規性，明確什麼能說、什麼不能說。例如，只有獲得專業資格認證的直播主才可以講的話題，沒有相關資格認證的一般直播主就不能在直播間裡講。目前，很多直播平台的系統監測功能非常強大，一旦直播間被檢測到有違規行為，系統馬上就會停止推薦，嚴重者甚至會被封號停播。在這一方面，直播主務必要注意。

(2) 著裝

直播主的衣著要規範，政府機關工作人員的工作制服是一定不可以出現在直播間的。女直播主在衣著打扮上需要特別注意，女直播主在做動作時一定要注意防止走光，哪怕是無意的，被平台檢測到也會被判違規。另外，有些瑜珈、健身直播主為了展示自己的身材，可能會穿著比較貼身、比較薄，甚至比較接近肉色的服裝，都會被判違規。如果直播主不及時改正，就會被限制推流或強制下播。

(3) 宣傳

帶貨類直播間在推薦產品時需要遵守《廣告法》[4]，不要誇大宣傳。特別是化妝品、保健品帶貨直播主在推薦產品時要注意用詞，有些關於產品功效的詞是不能說的，如美白、治療效果等。

(4) 未成年人

未成年人擔任直播主屬於嚴重違規。如果讓未成年人擔任模特兒、演員或代言人參與直播帶貨，屬於中度違規；如果未成年人在無大人陪同的情況下單獨出鏡，屬於輕度違規。但以下情況不屬於違規：聯歡表演、校慶、娛樂賽事等兒童集體活動；家庭聚會、教學等集體情形。

(5) 錄播

有些直播主想偷懶，用錄製內容替代直播。錄製的內容包括產品介紹影片、活動錄影、廣告片段及其他直播平台的錄影等。根據一些平台的規定，如果直播主用錄播替代直播，屬於中度違規。

[4] 台灣與直播銷售相關的法令規範有《公平交易法》、《食品安全衛生管理法》、《化粧品衛生安全管理法》、《藥事法》、《健康食品管理法》等。

(6)「黑粉」

直播間是公開的，什麼人都可以進來觀看。有些人就喜歡在評論區跟直播主「抬槓」，有時候直播主氣不過就會加以反駁，結果對方也奮起反擊，與直播主開啟一場「口水戰」。然而，這樣的後果可能是對方走人後還惡意投訴直播主。

直播主遇上「黑粉」，最好的應對策略就是不要理會，直接將其禁言或拉黑，不要讓「黑粉」影響到自己在直播時的心情。而且，直播主一定要做好自己的言行管理，做到言行規範、舉止有度。

(7) 畫面無人

直播主離開直播畫面時間太長也算違規。有些直播主長時間直播，中途可能會離開一段時間。如果直播主離開的時間超過五分鐘，平台就會開始提醒，多次提醒無效後就會算作違規。

出現違規怎麼辦？

不管直播主如何小心，「掉坑」總是難免的。即使非常有經驗的直播主，也可能會因為一不小心說出某個違禁詞，或者無意做了某個違規動作而「掉坑」。但是，即使「掉坑」，甚至被關到「小黑屋」，直播主也不要過於緊張。

首先，直播主出現違規，平台官方一定會有資訊提醒，說明違規原因及相關處罰是什麼。其實，現在很多平台的違規判定已經非常人性化，對違規行為的判斷也越來越準確，大部分違規情節都不算很嚴重，基本上大多只被限流，而不會被禁播。

其次，輕微違規不會影響直播間信用分。只要直播主在一個檢測週期內不再違規，信用分是可以恢復的。例如，對於一些比較嚴重的違規現象，視頻號採取階梯處理方案，如表 1-1 所示。

表 1-1　視頻號對違規現象的階梯處理方案

信用分所處區間	帳號級處置方式
信用分＞95 分	無處置
95 ≥信用分＞90	輕度限流 3 天
90 ≥信用分＞85	輕度限流 7 天
85 ≥信用分＞80	中度限流 3 天
80 ≥信用分＞75	中度限流 7 天
75 ≥信用分＞70	重度限流 3 天
70 ≥信用分＞65	重度限流 7 天
65 ≥信用分＞60	禁播 3 天
60 ≥信用分＞55	禁播 7 天
55 ≥信用分＞50	禁播 15 天
50 ≥信用分＞0	禁播 30 天
信用分＝0	禁播永久

如果直播主真的違規，被限流了，應該怎麼辦？影響直播間權重的因素有六個：直播時長、在線人數、禮物量、按讚量、評論量和訂單成交量。直播主只要從這六個方面出發，多開播，增加直播時長，多互動，讓粉絲在直播間停留的時間更長，讓粉絲多按讚、刷小禮物，甚至下單購物，就可以逐漸提升直播間的權重。直播間的權重越高，平台對直播間的評分就越高，流量也就能恢復。

2

升級思維

新時代直播主如何提高表達力

直播主的一言一行需要掌握技巧和分寸。直播主的表達力將直接影響直播主是否對觀眾具有吸引力，也關係到直播主的人氣，甚至銷售業績。如果直播主只是在鏡頭前平鋪直敘，就很難留住很多的流量。本章將從專業的思維方法與表達模組，詳細講解直播主提高表達力的方法。

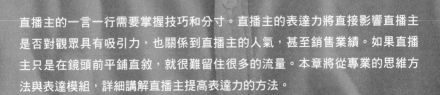

2.1 金字塔邏輯思考圖：鎖定問題、明確結論、尋找論據

在一場直播開始前，直播主需要確認兩個重點：一是本場直播可以解決什麼問題；二是希望得到觀眾什麼樣的回應。在實際操作時，直播主可以運用金字塔邏輯思考圖進行分析，如圖 2-1 所示。

在建立金字塔邏輯思考圖時，直播主要先明確問題和結論，然後寫出三個或三個以上支撐結論的依據。這些一級論據本身也可以是論點，被二級的三～七個論據支持。如此延伸下去，就可以構成金字塔的形狀。那麼，什麼樣的溝通方式更容易理解呢？一般來說，直播主要遵循「論點↓結論↓理由↓行動」的順序，這樣可以讓溝通更清晰、更有條理。

其中，結論是對論點的回答，只要論點明確，就很容易得出結論。在闡述結論時，直播主可以使用由主語和謂語組成的判斷句，即「××是××」。而在口語表達中，直播主為了方便，也可以省略主語。

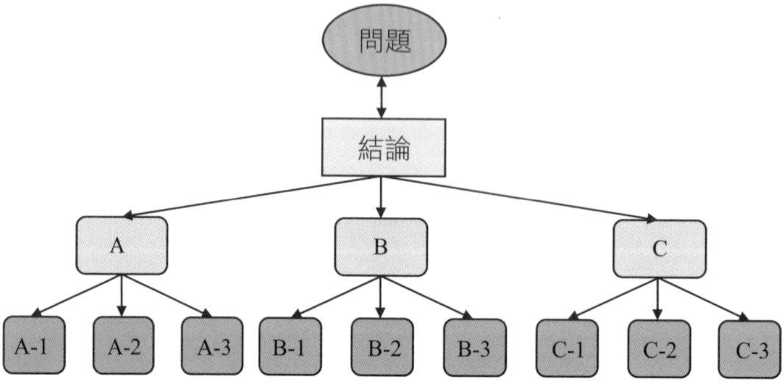

圖 2-1　金字塔邏輯思考圖

例如，美妝直播主可以對直播間的觀眾說：「我們平時用了那麼多補水的護膚品，皮膚還是很乾。」那麼結論就是「用了補水的護膚品，皮膚仍然很乾的原因是補水方式不對」。

在清楚論點和結論的關係後，直播主還要清楚結論和依據的關係。如果直播主想要闡述的內容很多，那就要思考最重要的內容是什麼。最重要的內容就是結論，而其他內容則可作為結論的依據。

在尋找論據方面，直播主還應該做到以下兩點：

第一，自下而上思考，自上而下表達。從已有的素材和論據出發進行思考，並從中概括得出的結論；從中心論點出發進行表達，闡述論據。

第二，按照邏輯順序組織架構，縱向總結，橫向歸納。將已有的素材按照一定的邏輯順序進行分析、整理，讓內容呈現出有序的結構。縱向是按層次關係分類，即上一層次內容是對下一層次內容的概括，下一層次內容是對上一層次內容的解釋和支持。橫向是按關聯關係分類，即將相似的內容歸為一類。

2.2 黃金圈法則：Why／How／What

黃金圈法則其實就是三個套在一起的圈，內圈是Why（為什麼），中圈是How（怎麼做），外圈是 What（做什麼），如圖 2-2 所示。

黃金圈法則最早由演講者賽門·西奈克（Simon Sinek）提出，指的是演講者在和觀眾溝通時應該遵循從內圈到中圈再到外圈的順序，即從 Why 到 How，再到 What，這樣更容易激發觀眾的熱情和積極性。

黃金圈法則最內圈是 Why，關鍵點是目的、使命、信念，即為什麼要做；中圈是 How，關鍵點是過程、方法，即具體應該怎麼做；外圈是 What，關鍵點是結果，主要說明這是一件什麼事情、有什麼特點、你做了什麼。該結構可以充分且立體地呈現直播內容的方方面面，從而為直播主進一步優化直播效果提供方向。

如果直播主想運用黃金圈法則向觀眾介紹一款掃地機器人，那麼直播主可以從三個方面著手。

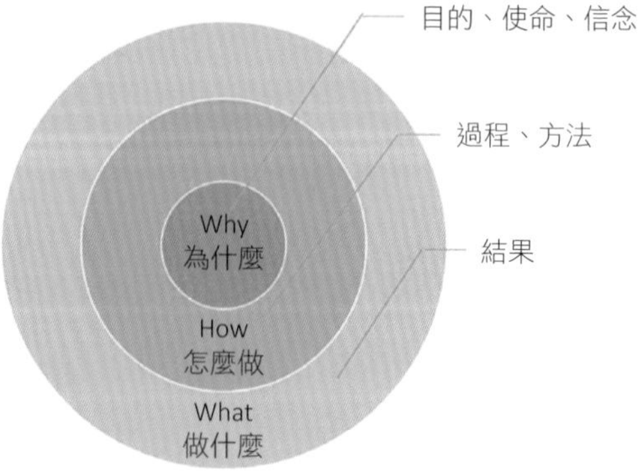

圖 2-2　黃金圈法則結構圖

首先，從內圈的 Why 說起，先闡述為什麼要研發並生產這個產品，即為什麼掃地機器人會存在，它的核心使命是改變很多人沒時間掃地、拖地的現狀。

其次，介紹中圈的 How，闡述這個產品怎樣幫助他人或怎樣改變他人的生活，即說明掃地機器人的使用方法、運行原理、搭載的技術等。

最後，介紹外圈的What，闡述這個產品擁有什麼作用和價值，即掃地機器人能幫助人們掃地、拖地，使人們解放雙手，讓人們擁有更高的生活品質。

要得到人們真正的關注和接受，直播內容就要具備價值。因此，直播主需要呈現自己的直播內容給觀眾帶來的好處。在直播中，直播主需要指出一些觀眾關心的問題（如演講表達成交力差、皮膚問題常發作、生活品質低等），並向觀眾描述出現這些問題的原因（如沒有讓表達邏輯形成迴路、護膚手法不當、沒有時間做家務等），最後進一步闡述自己的直播可以幫助大家解決這些問題（如天龍八部演講成交方法、學習正確的護膚手法、推薦智慧家用電器等）。

2.3 SCQA模組：結構化的故事敘述模式

如果想讓溝通更順暢，除了要使用金字塔邏輯思考圖以外，直播主還應該掌握SCQA故事敘述模組。SCQA模組由四個要素組成，如圖2-3所示。

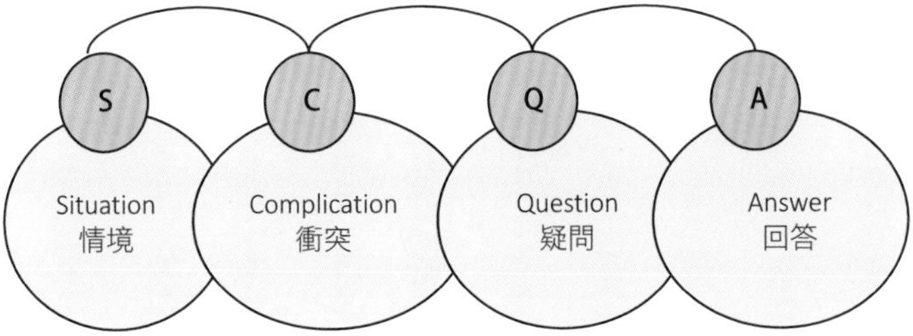

圖 2-3　SCQA 模組的組成要素

S：Situation（情境），由大家都熟悉的情境引入事實。
C：Complication（衝突），實際情況往往和大家的要求有衝突。
Q：Question（疑問），怎麼辦。
A：Answer（回答），解決方案是什麼。

直播主在溝通時，如果要運用SCQA模組，就應該建立有意義的情境，提出有憑據的答案。例如，某位飲品直播主就以SCQA模組為觀眾模擬濃縮咖啡液的使用情境，得到可觀的銷量。

S：Situation（情境）。「不知道大家有沒有這樣的經歷，自己公司在比較偏僻的郊區，在附近找了很久也沒有一家很好喝的咖啡店。」

C：Complication（衝突）。「公司樓下好不容易開了一家咖啡店，但價格高，口感還特別差。」

Q：Question（疑問）。「此時應該怎麼辦呢？」

A：Answer（回答）。「您只需要購買我展示的這款濃縮咖啡液。這款濃縮咖啡液不僅價格實惠，而且口味正宗。接下來，我將為您介紹這款產品的優惠資訊。」

直播主用SCQA模組介紹產品，不僅能夠將產品的使用情境介紹清楚，還可以用衝突激發觀眾的購物需求，促成交易。

2.4 MECE分析法：找到「線頭」，釐清思緒

MECE（Mutually exclusive and collectively exhaustive，相互獨立，完全窮盡）分析法有兩個特點：一個特點是各部分相互獨立，另一個特點是所有部分完全窮盡。相互獨立意味著問題在同一維度上，而且不可重疊，這樣才不會反覆分析一個問題；完全窮盡意味著全面、周密地分析問題，這樣才可以沒有遺漏，如圖2-4所示。

MECE分析法的重點在於幫助大家找到所有影響預期目標的關鍵因素，並找到所有可能的解決辦法，然後據此制定令人滿意的解決方案。在使用MECE分析法時，我們需要注意以下事項。

第一，在瞭解所有問題的基礎上逐一往下層層分解，分析出關鍵問題和初步的解決方向，直至所有問題都找到令人滿意的解決方案。

第二，在不考慮現有資源限制的基礎上，找出能夠解決問題的所有可能方法，這些方法還包括多種方法結合產生的新方法。

第三，在現有資源的基礎上，對所有可能方法進行分析和比較。

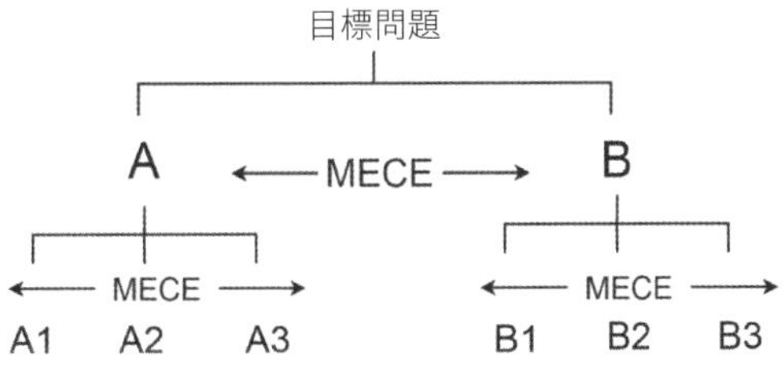

圖 2-4　MECE 分析法

第四，從所有可能的方法中找到最符合當下實際情況，也最令人滿意的方法。

例如，直播主可以透過MECE分析法分析自己直播間的業績為什麼不好。在有了切入點之後，就需要對問題進行定義，即直播間利潤下降是由於哪個因素造成的、如何解決？

第一層：利潤＝收入－成本。

第二層：收入＝數量×單價；成本＝固定成本＋變動成本。

第三層：變動成本＝數量×單位變動成本。

直播間的利潤＝銷售收入－進貨成本＝產品銷售數量×產品單價－固定成本－產品銷售數量×單位變動成本＝（產品單價－單位變動成本）×產品銷售數量－固定成本。

綜上所述，直播間的利潤受產品單價、單位變動成本、產品銷售數量及固定成本等因素的影響。這名直播主透過分析數據得知，產品單價、單位變動成本、固定成本都沒有變，便可以得出結論：造成直播間利潤下降的原因是產品銷售數量減少。

此時，直播主需要回到最初的切入點，即如何提高直播間的利潤。直播主可以透過設置引流商品、舉辦優惠活動等方式，增加銷售數量，提高利潤。

MECE分析法能夠將所有可能導致目標問題出現的因素列舉出來，讓直播主釐清思緒，明確根本原因。直播主分析得越透澈，列出的問題層次越多，最終找到的原因就越精準。

總之，無論是分析事實、建立假設，還是證偽假設等步驟，都要貫穿MECE的思考準則，即對問題的思考要完整、有條理。MECE分析法有利於直播主培養結構化思維，而結構化思維則能夠幫助直播主解決直播中出現的一些關鍵問題。使用MECE分析法，我們需要找到「線頭」，釐清思緒，而不是否認事物之間的相互關係。

2.5 剔除「枝蔓」：思想的「枝蔓」＋表達的「枝蔓」

人們總喜歡以天氣、家庭、興趣愛好及經歷作為話題進行閒聊，這種漫無目的的溝通往往是沒有效率的。直播與日常交流有很大不同。直播需要有明確的話題，而且話題還不可以過於分散，需要與直播內容相關，因為人的專注力總是有限的。

在直播中，如果直播主不停地變換話題，結果可能是沒有任何一個話題能夠得到深入討論，觀眾和直播主也達不成共識，導致沒人下單。這就好像一棵樹的枝蔓太多，就分不清主次了。直播中的「枝蔓」有兩種：一種是思想的「枝蔓」；另一種是表達的「枝蔓」。

(1) 思想的「枝蔓」

人的思考通常都是從發散思考開始，再由收斂思考結束。在發散思考時，「枝蔓」越多越好，而在收斂思考時，「枝蔓」則越少越好，以便於找到集中的「點」。以回答「乾貨是什麼」這個問題為例，很多人都覺得這是一個難解的問題。

作為一個網路詞語，「乾貨」在不同的背景下有著不同的含義。例如，「接地氣」、「不空洞」、「原創」、「內容翔實」等詞語都與「乾貨」有關。

於是，有人賦予「乾貨」一個只有七字的含義：沒有廢話的長文。

這個含義把其他「枝蔓」剔除了，非常精簡，也很難被反駁。這個含義就是剔除思想的「枝蔓」，保留下最核心的東西。

對於知識直播主來說，每次直播之前需要準備演講大綱，確保在直播間能夠順利把直播內容的核心主旨，即要表達的「乾貨」表達清楚。如果思想發散，「枝蔓」叢生，就會讓觀眾的收穫感降低，觀眾沒有辦法領略到直播的深度要義。

(2) 表達的「枝蔓」

有些人說話非常囉唆，明明一句話能說清楚的事情，非要長篇大論，不斷重複非重點內容。現實中，很多人不懂得用簡練的語言表達觀點。這是因為「減字」要比「增字」更費力，更需要很強的邏輯思考能力。一般來說，表達的「枝蔓」主要包括偏離主線和過度交代兩種。

偏離主線即東拉西扯，很久都不能進入正題。為了剔除表達的「枝蔓」，直播主應該把東拉西扯的內容全部捨棄。過度交代則是「用力過猛」的表現，即因為怕別人聽不懂，所以盡量把事情說得十分詳細。

要想剔除表達的「枝蔓」，僅做到不偏離主線或不過度交代是遠遠不夠的。直播主還應該使用「比喻」，這樣才能發揮「四兩撥千斤」的效果。例如，對於「如何看待喜歡你而你卻不喜歡的人」這個問題，有人打了個比喻：對於那個喜歡你而你卻不喜歡的人，他就像餐桌上的一盤苦瓜炒肉，雖然可以吃到肉，也能去火，但味道總是苦了一些。「苦瓜炒肉」這個比喻之所以很貼切，是因為這個比喻剔除了「枝蔓」，僅抓住核心主線進行描述。

思考和表達都是一種訓練，直播主要想剔除「枝蔓」，必須進行長期、有意識的練習。因此，直播主在思考和表達時要有意識地剔除一些無關緊要的東西，這樣才能在直播時提出更鮮明的論點及更充分的論據，以說服觀眾。如果過長地東拉西扯、偏離主題，很容易讓觀眾感到乏味，進而離開直播間，導致在線率不斷下降。

2.6 「語言釘」：你也能金句頻出

「語言釘」是指凸顯核心價值、特點的詞語或金句，如「怕上火，喝王老吉」、「今年過年不收禮，收禮只收腦白金」等。「語言釘」不僅可以幫助直播主用一句話將產品的特點標明出來，形成產品的標籤，還可以廣泛傳播成為話題，為直播間及直播主增加關注度。

央視主持人朱廣權曾為湖北地區的農副產品帶貨，其因全程表現高能、金句不斷，讓不少網友看後直呼就像在上一節歷史文化課。

例如，朱廣權在介紹武漢熱乾麵時從武漢的歷史入手，他說：「武漢是歷史文化名城，楚文化發祥地，春秋戰國以來一直都是中國南方的軍事、商業重鎮。來到武漢有很多地方值得去轉，比如你可以漫步東湖之畔，黃鶴樓上俯瞰，荊楚文化讓人讚嘆，不吃熱乾麵才是真的遺憾。」這個介紹不僅描述武漢悠久的歷史文化，還強調熱乾麵在武漢美食中的重要地位。

然後，朱廣權又讓觀眾從歷史中跳脫出來，描述煙火人間：「熱乾麵看似潑辣，但是熱心腸。你需要不斷地翻轉它、品它，細品才能品出它的滋味。這就叫人間煙火氣，最撫凡人心。」這一番話使觀眾腦海中浮現武漢街頭人頭攢動，人們在路邊小吃攤上低頭吃熱乾麵的熱鬧畫面。

最後，為了衝刺銷量，朱廣權還引用一句歌詞：「黃鶴樓，長江水，一眼幾千年；老漢口，熱乾麵，韻味繞心尖；願親人都平安，春暖豔陽天。」

整個描述從歷史到日常，情景交融，而且還句句不離產品，不僅讓觀眾在愉快的氛圍中購買產品，還瞭解產品背後的歷史文化，可以說是集知識輸出與賣貨於一體。這樣的「語言釘」為觀眾帶來不一樣的消費體驗，大大帶動觀眾的消費熱情。我自己在直播時大概十分鐘就會產出一條金句，如「不要對老師有期待，而是對自己有要求」、「外求求一世，內求求一次」、

「無冕之王，才是王中王」、「喚醒比教育更有力量」、「落地一件小事，就能成大事」等，可以供大家參考。

語言的價值是不可估量的，直播主需要深挖產品背後的內涵，將其與產品的功能及使用情境結合起來，形成「語言釘」，增加產品的記憶點，刺激觀眾消費。

我建議大家在平時要多累積和記憶各類金句、名言，做到在直播中能夠脫口而出，展現自己的文學涵養。

2.7 「視覺錘」：直播間元素設計

很多直播主在打造直播間時不重視視覺的作用。實際上，要想打響名氣，不僅需要「語言釘」，還需要「視覺錘」。因為直播主需要強化語言的視覺效果。右腦側重關注視覺，進而向左腦傳遞資訊，令左腦去注意與這個視覺相關的語言文字。「視覺錘」是將語言這個「釘子」釘入觀眾心中的工具，其創造的可視度遠超過文字的範圍。

「視覺錘」理論由勞拉．里斯（Laura Ries）提出。她認為傳統的定位理論主要依靠文字的力量在消費者心中佔有一席之地，這顯然是有缺陷的。直播主要想深刻、長久地在觀眾心中留下印象，還需要有視覺上的輔助和配合。有時候，視覺的力量甚至大於語言的力量。

我們可以回想一下，在電影院見到的人，他們可能會大笑、大哭，情緒激烈，而那些愛讀書的人卻很少有明顯的情緒外露。這是因為人的左右兩半大腦分工不同。左腦是語言思考區域，是線性、理性的；右腦是意象思考區域，是圖像性、感性的。如果直播主想在觀眾心中留下深刻印象，最好的方法是透過「視覺錘」快速吸引觀眾注意。

下面介紹如何設計直播間的視覺元素：

(1) 服裝

直播主在鏡頭前會被無限放大，所以需要特別注重自己的著裝和外形。例如，穿套裝會給人嚴肅、正式的感覺；穿棉麻襯衫會給人放鬆、休閒的感覺；穿蕾絲花邊洋裝會給人俏皮、女性化的感覺。有些男性直播主為了展現自己儒雅的形象，會選擇穿中式棉麻的服裝，給觀眾呈現一種淡然隨和、有文化氣息的整體形象。

除了款式的選擇，材質的選擇也非常重要。一般越柔軟的材質越能給人放鬆的感覺，而越硬挺的材質越能展現氣場。我們需要根據直播的主題、內容及個人的人設選擇服裝風格。

(2) 情境布局

除了主要人物的著裝和外形，情境的布置也能影響觀眾的認知。例如，我們可以使用KT合成板（由上下兩層PS膜與發泡板芯）呈現直播主題，讓觀眾進來就能知道這個直播間的主題是什麼，如圖2-5所示。

此外，我們還可以在直播間擺上一些花草和裝飾品，增加生活氣息。這樣可以給觀眾更加自然、放鬆、舒服的感覺，讓他們對直播內容更有好感。

直播情境也需要配合直播主題和內容進行布置，增加一些與直播主內容相關的材料，可以讓觀眾更有沉浸感和代入感。

(3) 燈光

在直播過程中，燈光的運用也很重要。燈光打得好，情境和人物都會更加漂亮、好看。一般直播間需要四盞燈，正前方有一盞燈，左右兩邊斜角四十五度各有一盞燈，後面還需要一盞補光燈，如圖2-6所示。

圖 2-5　KT 板展示直播主題

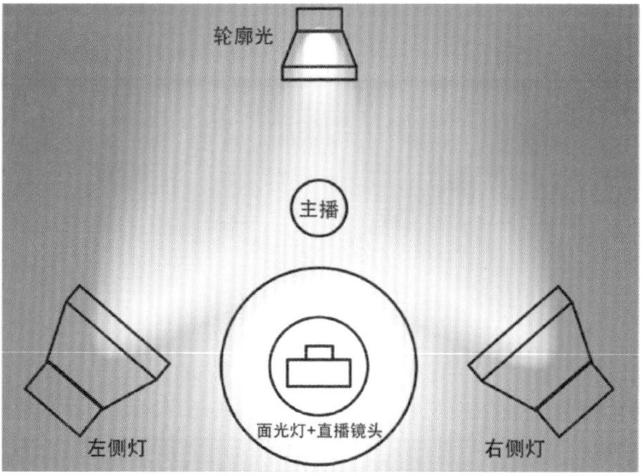

圖 2-6　燈光位置

燈光可以襯托氛圍，但不同的情境需要設置不同的燈光營造氛圍。冷色光和暖色光可以在不同程度上影響人的情緒，冷色光容易使人冷靜且理性，暖色光容易使人溫暖而衝動。此外，還有藍光、黃光、綠光、紅光等彩色燈光，適合製造魅力四射的光影來渲染氣氛。使用合適的燈光，有助於提升直播的品質；不合適的燈光會降低直播品質。

(4) 色彩搭配

除了燈光，直播間色彩的應用也很重要。我本身有個標籤叫作色彩導師，我會在課程中教學員如何應用色彩去傳遞情緒，與觀眾產生共鳴。以下介紹幾種常用顏色代表的情緒特徵。

紅色象徵熱情、活潑、張揚、吉祥、樂觀、喜慶，給人熱情、積極的感覺。

橙色象徵快樂、能量、社交、友好、溫暖、陽光，給人溫柔細膩，有生命力的感覺。

綠色象徵自然、富足、鮮活、生命、和諧、環境、新生、成長，會讓人感受到生機，通常被認為是象徵內心平靜的顏色。

藍色象徵保守、穩重、可靠、誠信、平靜、安全、酷，是最流行的企業顏色，會讓人產生信任感。

紫色象徵可愛、夢幻、高貴、優雅、靈動，有高貴、高雅的寓意。淡紫色可以給人愉快之感。

白色象徵清爽、無瑕、冰雪、簡單、聖潔。大面積的白色會有壯大之感，給人包容的感覺。

每種顏色都表達出不同的生命力和生命狀態，直播主可以用不同的顏色表達直播的主題和自己的狀態，在潛移默化中影響觀眾。

直播主應該好好利用「視覺錘」理論搶佔觀眾的心。在打造一個直播間前，直播主首先要確定直播傳遞的核心內容，然後以此為基礎建立「視覺錘」，打造一個氣氛和諧、顏色豐富、各種元素相得益彰的直播間。

2.8 講故事：讓觀眾產生共鳴是關鍵

現代學者陸剛曾說：「我們對故事的嗜好反映出人類對捕捉人生模式的深層需求。這不僅僅是一種純粹的知識實踐，而且是一種非常個人化的，非常情感化的體驗。」以故事為載體的傳播形式能夠吸引觀眾，並且消費轉化率也相當可觀。因為故事更容易挑起觀眾的感性思維，讓他們因為共情、感動、快樂等情緒而留在直播間。

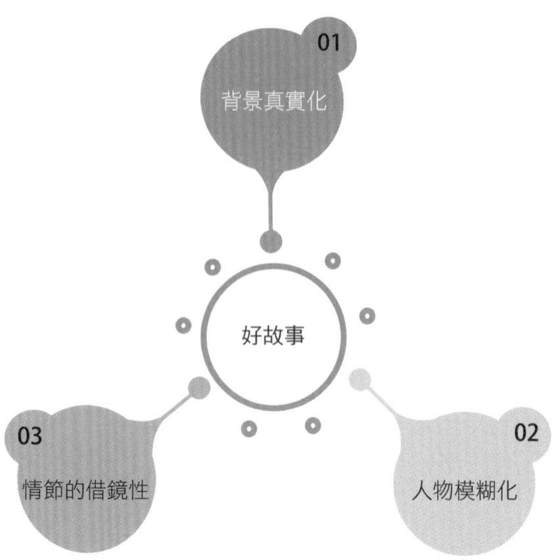

圖 2-7　好故事的要素

好故事的要素

講故事一定要讓觀眾產生共鳴。要想講好一個故事，直播主就需要考慮好故事的各個要素，如圖 2-7 所示。

(1) 背景真實化

直播主要儘可能地選取真實的生活情境作為故事背景，使故事更加貼近觀眾的生活，讓觀眾感到故事是真實的，從而引起他們思考與共鳴。

例如，某汽車直播主和他直播間的觀眾閒聊：「我最近特別倒霉，前兩天車被別人撞了一下，今天車廠的工作人員打電話請我去簽一份協議。我納悶修車還簽什麼協議？結果我一看，協議上寫著如果貨物在運輸過程中損壞，要自行承擔損失。我才想到我這車的零件只能從國外進口，國內買不到。」

這看似只是和觀眾閒聊，但這個故事很真實，又容易引起觀眾的共鳴。而且，直播主還可以透過這個故事順勢引出進口車保養及維修的話題，這個故事非常適合用在直播開始時吸引觀眾注意。

有一次，我本來要去買下一個大場地做直播，大概要花五百萬元，之後每個月還要還月付五萬元。我在直播間就講出這件事情：「在當今時代背景下，錢可能會帶給我們的創業壓力，所以我們可以選擇輕創業的方式，保持更純粹的初心，不在壓力下做有壓力的決定，堅持自己的創業初心。」這件事情就引起很多人的共鳴，我也可以就這個話題展開其他內容。

(2) 人物模糊化

放棄一部分人物設定，不需要將人物的能力、經歷和性格描述得太詳細。雖然人物描述得特別詳細能使人物形象更加鮮明，但是也可能會使沒有經歷過這些事情的觀眾感到迷惑，從而降低觀眾對故事的代入感和共鳴。

例如，某美妝直播主在直播時對觀眾說：「我每次化完妝出門前都要再照一下鏡子，轉一圈，看看衣服搭配是否合理，然後再出門。」這個故事很簡單，沒有強調直播主的化妝和穿搭技巧，也沒有強調衣服的價格，而是描述出每一個愛美的女生都曾經歷過的情況，非常有代入感，也就更容易讓觀眾因為這個共同的習慣而親近直播主。

如果直播主不能快速引起共鳴，直播間會很快失去吸引力，因為觀眾會覺得直播主說的情境跟自己沒有關係。

(3) 情節的借鏡性

大多數故事並非獨一無二的，可能擁有相似的情節，而這些情節大多取材普通人的經歷。所以，很多互聯網公司創始人的故事看起來都很相似，但毫不影響故事的有效性。情節的借鏡性不僅能使故事情節更有可看性，也更能讓故事受眾產生共鳴。

例如，很多美食直播主都會講一些自己做飯「翻車」的故事，這些故事都大同小異，包括記錯步驟、用錯食材、忘記關火等。因為並不是所有觀眾都擅長料理，直播主講一些自己失敗的故事，更能引起觀眾的共鳴，讓他們相信跟著直播主也能成功做出美食。

能夠讓故事的受眾產生共鳴的故事就是好故事。直播主可以運用一些技巧，如取材常見的衝突、矛盾，對故事進行組織和潤色，讓觀眾深有同感，促使觀眾更加信任直播主。

即使聽故事的觀眾不能全部實現轉化，但他們也可以成為直播間的傳播者。故事可以成為話題，讓觀眾在下播後繼續討論直播主，主動幫助直播主擴大影響力。

有衝突才更能引起觀眾的好奇，他們才會選擇繼續觀看直播。我曾經在課程中提出一種五感講故事法，可以幫助你更好地與觀眾產生共鳴。

用五感法講故事

如何講一個好故事？一般細節越豐富，觀眾越能產生共鳴。對此，我們可以透過挑動觀眾的五感，即視覺、聽覺、嗅覺、味覺、觸覺，使他們產生身臨其境的感覺。

(1) 視覺

視覺表達的方法有兩種：一是創造人物對話，二是使用外表描述。

①創造人物對話

對話在講故事時經常被用來創造情境。如果你可以模仿兩個人的對話，讓觀眾像看電視劇一樣形成畫面感，就可以讓故事更吸引他們。

我與學員連線時經常會問他們三個問題。以一位從事文案課程的學員為例：

問：你為什麼會在這麼多線上創業的方向中，選擇文案這個方向？

答：因為文案這個技能好上手，只要透過簡單的邏輯訓練，就能幫助別人寫出非常好的文案。

問：你的文案課程的特色是什麼？

答：我可以幫助學員做一對一的文案修改，可以讓學員明顯看出課程前後的變化。其他課程只教授方法，我還會幫助學員做優化，讓他們在優化中進步。

問：你現在可以告訴我使用什麼樣的方式來報名你的課程，你的課程很貴嗎？

答：這個很簡單，今天在你的直播間加我的好友，我可以將文案的邏輯和價格傳給他。

這樣的對話不僅幫助產品做宣傳，還讓觀眾更有代入感。

②外表描述

故事中主人翁的外表描述能增強人物的畫面感。例如，朱自清的散文〈背影〉中對父親外貌的描述，就非常經典。

父親是一個胖子，走過去自然要費事些。我本來要去的，他不肯，只好讓他去。我看見他戴著黑布小帽，穿著黑布大馬褂，深青布棉袍，蹣跚地走到鐵道邊，慢慢探身下去，尚不大難。可是他穿過鐵道，要爬上那邊月台，就不容易了。他用兩手攀著上面，兩腳再向上縮；他肥胖的身子向左微傾，顯出努力的樣子。

在這段描述中，作者描述父親的衣服、體態、動作。這些細節使人物更加立體，讓讀者記憶猶新。

因此，當我們在故事中要描述一個人物時，不如先介紹他的穿著、身高、體態、特徵，這樣會讓觀眾對人物產生更深刻的印象。

(2) 聽覺

在故事中加入一些擬聲詞能讓故事更有趣。例如，描述一個人緊張時，你可以這樣說：「還有十分鐘就要開播，我擺弄著手機，聽見心臟在撲通、撲通地亂跳。」

(3) 觸覺

觸覺是由皮膚受到刺激而產生的感覺。如果我們將其描述出來，就可以影響觀眾的情緒。例如，我這樣描述自己第一次直播時的樣子：「記得第一次直播時，我十分緊張，雙手不由自主地緊握成拳，指甲都把手心摳痛了，後背也一陣陣地冒冷汗。」這句話非常真實表達我的身體感受，「指甲把手心摳痛」這種描述能更快地帶入觀眾的情感，讓他們產生類似的感覺。

(4) 嗅覺

嗅覺可以營造氛圍，讓故事更加生動，使觀眾彷彿身臨其境。例如，「我開車到郊區遊玩，走到半路，我忽然聞到一股花香，轉頭一看，原來馬路邊是薰衣草種植基地。」

(5) 味覺

你在觀看美食節目時有沒有過流口水的衝動？這是因為節目挑動了你的味覺，讓你產生同樣的感受。因此，我們在講故事時也可以描述食物在嘴裡的味道、口感，以引起觀眾的興趣。

例如，「我給大家推薦的這款草莓蛋糕，一口吃下去，首先能感受到鬆軟的奶油味，接著可以品嘗到一股濃濃的起司味，最後還混合著草莓的清香。甜而不膩，滿滿的幸福感！」

用五感法講故事，透過對細節的描繪，可以將我們的故事轉化為一部「3D電影」，讓觀眾不僅能聽到，還能看到、感受到、聞到、嘗到。這樣可以讓觀眾隨著故事情節的變化產生更多難忘的感受，從而與直播主產生共鳴。

2.9 人人都能成交的變現表達公式

成交是很多人直播時的一個痛點，有些直播主的直播間氣氛火熱、互動頻繁，但一到下單時卻啞火了，成交量慘不忍睹。究其原因，還是直播主不會表達。以下我為大家介紹一個人人都能成交的變現表達公式，幫助你輕鬆突破萬元成交額。

變現表達＝痛點＋產品優勢＋案例＋成交主張

(1) 痛點

觀眾為什麼要購買產品？原因很簡單，觀眾有需求沒有被滿足，需要你的產品來解決問題。這就是觀眾的痛點。我們在表達時要清楚地將這個痛點說出來，讓觀眾感覺到我們的價值。

例如，我在銷售一款茶具時可以先這樣說：「一般茶具泡的茶，都不能隔夜飲用。隔夜茶不僅口感不好，還對身體健康有害。但我們的茶具有非常強大的保鮮功能，即使茶隔夜還是非常清甜，讓你在火車上或者戶外都能喝到新鮮的茶水。」出差在路上也能喝到新鮮茶水，這就是痛點。

(2) 產品優勢

產品優勢就是產品的功能特點，這是產品最基礎的價值。直播主要想讓觀眾與自己成交，而不是與銷售同類產品的其他直播主成交，就要學會運用描述前後體驗來呈現產品優勢。

例如，我銷售一款護膚品時可以這樣說：「我的一個客戶，皮膚特別乾燥，夏天時臉上還緊繃脫皮。用了這款護膚品，剛開始有點刺痛。堅持塗了一週，皮膚就不脫皮了。使用一個月，皮膚飽滿得能掐出水來。」

(3) 案例

產品故事是成交表達中不可缺少的一環，生動的案例可以讓產品的價值更豐富（賦予產品額外的精神價值）、形象更飽滿。

例如，我有一個賣水果的朋友是這樣形容自己賣的水果很新鮮的：「我有一次募資一批二十萬元的櫻桃，但是這批櫻桃從產地運過來耽誤了五六天，有些就已經爛掉了。我當時想了半天，決定不出貨，逐一打電話給預訂櫻桃的客戶，告訴他們櫻桃出不了貨，可以給他們換成橘子或者其他水果。熟悉我的老客戶都知道這件事，我們家的水果絕對保證新鮮。」

這個故事不僅側面反映直播主的水果新鮮，還表現出直播主誠信經營的態度，為產品多增加一層保障。

(4) 成交主張

觀眾是否做出最後的成交行動，還會參考直播主的成交主張。成交主張由價格和風險組成。價格就是直播主為產品設置的價格，而風險就是觀眾購買產品會承受的風險。

人們在購買產品前，大腦中會快速思考以下問題：

1. 產品真有用嗎？
2. 這個產品值這個價嗎？
3. 產品出現問題，我能得到幫助嗎？
4. 不喜歡產品，能退貨嗎？

直播主要用成交主張消除觀眾的顧慮，才能讓他們快速下單。例如，直播主可以說：「產品供您免費試用，如果您不喜歡，就可以申請全額退款。此外，我們還會贈送您運費險，讓您不多花一分錢。」

有了這個公式，直播主就能輕鬆實現變現表達，從此告別銷量不佳的煩惱。

3

活絡氣氛 用強表達力讓直播不冷場

表達力強的直播主，對直播過程中的各種情況有著很強的靈活應對能力，可以避免冷場，如回應觀眾質疑、帶動直播氣氛、彌補直播失誤等。然而，強大的表達力並非天生就能擁有，直播主要想增強表達力，需要經過後天的刻意練習與實踐。本章將傳授一些理性的表達技巧和感性的表達策略，幫助你迅速挑動直播間氣氛，從此告別冷場的煩惱。

3.1 開場白：禮貌且不失幽默

開場時的氣氛烘托十分關鍵，能在一定程度上影響直播的效果及最終的產品銷量。因此，直播主在直播時需要用一段開場白來活絡氣氛。

如果直播剛開始就講述正式的內容，可能會給觀眾一種突兀的感覺，讓觀眾難以跟上直播的節奏。直播主不妨以眼前的人、事、景為話題引申開來，使觀眾不知不覺地融入直播氛圍中。例如，直播主可以先和觀眾聊現場的布置、當天的天氣、自己當下的心情、直播助理的穿搭等。

直播主希望在直播開始時就和觀眾拉近距離，建立情感連結，讓觀眾對自己的直播有強烈的興趣，並且能夠長久地在直播間停留，而一個好的開場白對於直播中觀眾的留存十分重要。直播主可透過以下方法設計自己的開場白：

(1) 直接唸出觀眾的暱稱

「歡迎××（觀眾的暱稱）來到直播間！」

當直播主看到直播間出現陌生的觀眾時，直播主可以直接唸出這些新觀眾的暱稱，讓他們感受到自己被重視。因為被他人尊重、重視也是人們的一種需求。一般來說，觀眾聽到直播主唸自己的暱稱時，內心都是喜悅的，因此便會在直播間多停留一會兒。例如，「歡迎小豪來到我的直播間！」

(2) 開始促銷活動

「寶子們晚上好啊，今天開場就給大家送福利，出廠價一千元的產品，今天我給大家一九九元的價格，心動就趕快行動吧！」

在新觀眾短暫被留住的這段黃金時間內，直播主需要使出渾身解數使觀眾在直播間停留更長時間，甚至完成轉化。直播主需要強調這個開播福利有時間限制，只為開播時來看的觀眾準備，到一定的時間就會結束，後面進入直播間的觀眾將錯過這個福利。

開播福利可以是一件低價的引流型產品，也可以是彈幕抽獎。例如，在視頻號直接掛抽獎福袋。總之，目的是迅速提高直播間的人氣，為下一階段的直播奠定流量基礎。

(3) 說明送福利時間和福利內容，留住觀眾

「寶寶們，八點半，我們還有發紅包活動；九點半，我們有個抽獎活動。關注直播主，才

可參與哦！」

「你看累了可以離開一會兒，但今晚八點是重磅福利，一定要回到直播間！」

很多觀眾在開播福利活動結束後便會退出直播間，此時直播主需要及時用新的福利來留住觀眾，並且需要表明活動時間，給觀眾繼續觀看下去的動力。

需要注意的是，活動與活動之間的間隔不要太久，否則觀眾會失去繼續等待的耐心，不利於觀眾的留存。

此外，直播主的福利或抽獎產品的介紹也很重要。例如，「寶寶們，現在抽獎袋中掛的是《邊演邊說》三十分鐘語音課，是教會你演講更靈活、更有魅力的祕笈，學會了馬上讓你演講魅力倍增！」如果有人需要這個福利，那麼他就會積極參與抽獎，配合轉發或停留在直播間觀看直播。

3.2 克服緊張：做好表情管理

直播主在直播中的表現是決定觀眾能否購買產品的重要原因之一。觀眾喜歡觀看直播的很大原因在於直播能使他們放鬆精神，他們普遍喜歡觀看從容大方、表情自然的直播主直播。很多直播主在直播時表情僵硬、動作不協調，無法為觀眾帶來視覺上的享受，進而導致粉絲量增長緩慢、銷售額不甚理想。

直播主要一個人對著手機螢幕自言自語幾個小時，很容易中途懈怠或找不到話題。這時，直播主可以放大自己的肢體動作和表情，以緩解自己的疲憊，帶動直播間的氣氛，逗笑觀眾。

例如，直播主在試穿衣服時，可以透過稍微誇張的語言描述與肢體動作表達自己對這件衣服很滿意，並向觀眾傳遞「你穿也一定會好看」的訊號。適度的誇張能夠讓觀眾感受到直播主的積極與熱情，帶給他們一定的感官刺激，從而使其對產品產生好感，促使其購買。

下面介紹三個技巧，讓直播主的表情、語言、動作更有感染力：

(1) 找到最適合的笑容

笑容是直播主拉近與觀眾距離的利器。一些直播主本就擁有顏值高、氣質佳的優勢，如果直播主能找到最適合自己的笑容，就可以讓自己看起來更賞心悅目，讓觀眾更有好感。

①露齒笑

露齒笑是比較誇張的表情，如果處理不好，容易讓整張臉顯得又胖又寬。在露齒笑時，直播主可以在嘴角發力的同時，讓下巴向下收，這樣會讓臉更上鏡。

②抿嘴笑

露齒笑很有感染力，但不是所有場合都適合。抿嘴微笑適用的場合更多，更能展現一個人的端莊大方。但需要注意的是，如果直播主的門牙較大、較寬，則不適合抿嘴笑。

③**眼神傳遞**

直播主對著鏡頭，要像對面坐著一個人一樣，認真專注地看著對方，讓觀眾感覺到這話就是對他說的。

(2) 培養意識更親和

人在不經意間容易出現一些不好的表情，這在日常交流中可能沒有什麼影響。但當直播主面對直播鏡頭時，這些不好的表情會被無限放大，讓觀眾反感，甚至會被截圖，成為直播主不敬業的證據。因此，直播主要注意培養自己的意識，讓自己在鏡頭前更親和，避免出現冷漠的神態和凶相。

①**眼神**

改善無意識時眼神冷漠的方法就是有意識地讓眼輪匝肌（見圖 3-1）稍用力往上抬，這樣會讓人看上去溫柔很多。

②**嘴角**

無意識地嘴角向下會讓人看起來不高興或不可親近。因此，直播主可以練習微笑唇，改變嘴角線條，讓身體產生記憶，使自己在直播時保持更放鬆、更自信的姿態。直播主不要

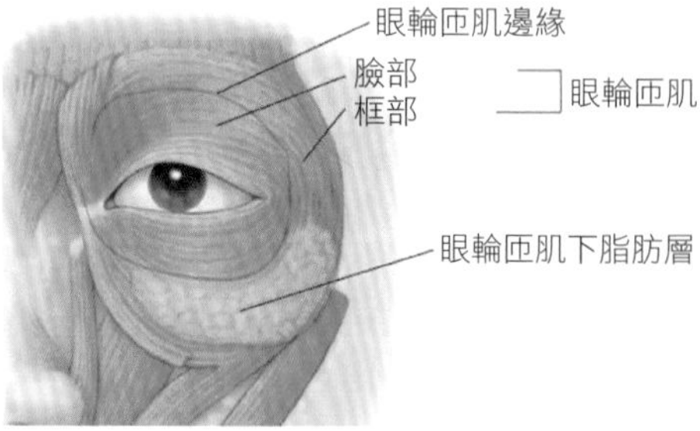

圖 3-1　眼輪匝肌

刻意用力微笑，這樣會顯得很僵硬。如果沒有時間練習，直播主也可以透過彩妝調整嘴角。例如，用陰影修飾出微笑唇。

(3) 表情說話更加分

在直播間，直播主需要幾個小時不停地說話。除了做好上述兩種靜態的表情管理以外，直播主還要注意說話時的動態表情。一個人說話時的表情是其內心想法的折射，僅靠表演是無法長久維持好狀態的。直播主可以透過調整心態，影響自己的表情，從而使表情更自然。

①心態真誠，眼神也會更輕鬆和從容

直播主可以目視前方，想像鏡頭前有一雙眼睛，盯著這雙眼睛，自然地表達自己的想法。

②讓自己處於舒適的狀態

著裝舒適、環境舒適，穿著自己喜歡的衣服，看著讓自己賞心悅目的情境，人會自然而然地消除拘束感，說話時的表情也會更自然。例如，直播主可以在直播間放一些喜歡的花茶、熏香或字畫，以提升整個直播間的氣氛。

③減少不必要的表情

直播主要學會控制，少做無意義的表情，減少負面表情出現的機率。

④打造直播好狀態

很多直播主在直播時想呈現給觀眾好的感覺，但觀眾的感覺是一個很模糊的概念，沒辦法清晰地表達出來。直播主營造給觀眾的感覺是日積月累的。例如，有些直播主喜歡在直播間為自己泡一杯茶，拿著一壺茶或一把扇子，整體為觀眾呈現一個舒適且從容不迫的氛圍，然後透過一次次直播的強化，將這種氛圍與個人氣質進行融合，就會給觀眾一種好的感覺。

3.3 拒絕冷場：主動尋找話題

有些直播主在直播時喜歡照本宣科，腳本寫什麼，自己就說什麼，甚至在銷售產品時唸產品簡介的內容。這樣的做法對直播效果會有負面影響。首先，照本宣科，與觀眾缺乏互動，會出現冷場的情況，即直播主自己說自己的，觀眾自己忙自己的；其次，照本宣科會讓觀眾認為直播主對自己講的內容並不瞭解，甚至認為直播主的業務能力有限，從而導致觀眾對直播失去興趣和好感。

如何增加互動話題，避免冷場呢？直播主可以使用開放式的問題引導觀眾參與互動。例如，一個演講教練可以說：「我剛接觸直播時，一上播就緊張，會發抖、忘詞。講了很久，也講得很起勁，但就是沒有人下單。你有過這樣的經驗嗎？」

開放式問題可以引發直播間觀眾思考，讓觀眾發表自己的想法，增強參與感。在直播間熱度不高甚至有些冷場時，直播主想讓觀眾活絡起來的最好方法就是提出一些開放式問題。

此外，直播主還可以使用開放式問題強調產品的特點。例如，當介紹一款零食時，直播主可以以該零食獨特的口味引導觀眾互動。直播主可以說：「這款零食竟然是香菜口味的。我知道有很多觀眾朋友無法忍受香菜的味道，但我個人很喜歡吃香菜，所以可以請這部分觀眾告訴我，你們不喜歡吃香菜的原因嗎？」這時觀眾就會積極地發表自己不喜歡香菜的原因或表達自己對香菜的看法，與直播主進行互動。

在冷場時，直播主提出的開放式問題能夠引導觀眾參與討論，快速提升直播間的熱度。在直播間熱度較高時，直播主提出開放式問題也能讓更多觀眾參與討論，使直播間熱度不斷攀升。

3.4 娛樂精神：熱門事件帶來參與度

直播主題與時事焦點相結合能夠增加直播主直播內容的曝光度，為直播引流。而觀眾對直播內容的討論和分享也會提高直播的曝光度，進而吸引更多人觀看直播。

「直播＋熱門」已經成為直播主規劃直播內容的重要法寶，其優勢主要表現在以下三個方面：

(1) 有利於完善產品

將直播主題與時下熱門話題結合的推廣方式，會引發觀眾對產品應用情境的想像，進而轉變為對產品的購買需求。在這個過程中，直播主可以透過觀眾的回饋更加清晰地瞭解他們的需求。這有利於直播主在今後的直播中選擇更合適、更能吸引觀眾注意的產品。

(2) 有利於培養忠實粉絲

直播主與觀眾討論熱門問題是展現自己三觀、表明自己態度的良好時機。在與觀眾進行多次溝通後，直播主在觀眾心中的形象會更加立體。良好、立體的形象能夠提高觀眾對直播主的認同度，進而成為直播主的忠實粉絲。

(3) 有利於增加流量

增加流量不是單純靠增加人手、花錢做推廣就能做到的。而且，流量的增加不是短時間內能達成的，而是需要長時間的累積與維護。使用當下熱門話題是快速引流的有效方法，能夠迅速提升直播主的曝光度。

熱門來得快，去得也快。直播主需要挖掘熱門事件本身蘊含的內在道理，借助熱門話題維持自己的直播熱度。直播主可透過以下三步，利用熱門話題輕鬆引流：

第一步，直播主在運用當下熱門話題進行引流時，要總結熱門話題背後隱藏的意義和價值，並結合自己的觀點將這些意義和價值講述給觀眾。

第二步，直播主要將熱門話題與直播內容相結合，使其成為直播內容的亮點。直播主可以以熱門話題為主題設計直播腳本，也可以尋找直播間的熱銷產品與熱門話題的關聯，達到引流的目的。

第三步，即使熱門事件的討論熱潮過去，熱門事件對人們造成的影響也會持續一段時間，直播主要充分利用這段後續影響期，開發其周邊事件，達到當下熱門話題的二次引流。

二〇二二年七月八日，容聲冰箱開了一場沉浸式茶藝直播。該直播以「點茶話鮮，共赴夢華」為主題，以熱播劇《夢華錄》中的情境為直播情境，向觀眾講述中國茶文化的知識。容聲冰箱特邀專業茶藝師五月進行現場茶藝表演及點茶教學。置茶入壺、提壺聞香、高空沖泡，五月展現出的專業、優雅的茶藝功夫，讓觀眾身臨其境地感受到中國茶文化的魅力。除了茶藝表演以外，五月還為觀眾講述茶葉特性、泡茶手法、儲茶知識等，讓每個觀眾對茶文化都有了更加全面的認識。

以《夢華錄》為噱頭，以茶為話題，直播間引出「特別嘉賓」，即「儲茶能手」容聲WILL559健康冰箱。茶葉是非常注重口感和香氣的飲品，其品質與存放環境息息相關。容聲WILL559 健康冰箱可以為茶葉提供一片「純淨」的儲存環境，防止異味干擾。此次直播藉由《夢華錄》這個熱門議題吸引很多人關注，容聲冰箱不僅為觀眾普及了茶文化，還推廣自己的產品，受到觀眾的廣泛好評。

雖然利用當下的熱門資訊規劃直播主題會給直播主帶來很多好處，但是直播主也要慎選合適的熱門話題與自己的直播內容相結合。如果熱門話題與產品的相關度不高，或者直播主將二者結合得不恰當，只會讓觀眾認為直播主是在蹭熱度。這不但不能為直播主引來新的流量，還容易使之前的觀眾脫粉。因此，直播主一定要認真分析並選擇合適的熱門話題，才能夠借助熱門話題為自己引流。

3.5 區別稱呼：讓觀眾感受到被關注

差異化是設計內容和產品的重要原則。直播間的差異化展現在各個方面，其中區別稱呼是非常重要的一點。直播主在直播時一定不能用「消費者」、「觀眾們」等較冰冷的稱呼與觀眾互動，這樣會讓觀眾感覺自己與直播主的距離很遠，從而產生不信任心理。直播主可以使用「親們」、「寶寶們」、「姐妹們」、「老鐵們」、「家人們」等稱呼拉近與觀眾的距離。實際使用什麼稱呼，直播主可以根據直播的內容和帳號定位進行選擇。

例如，在新觀眾進入直播間時，理財直播主可以對他們說：「新來的寶貝點一下直播間右上角的關注按鈕，我每天都會為大家講解一個理財小技巧。」

再如，在老觀眾進入直播間時，直播主可以用熟稔的語氣和其打招呼：「××又來看直播啦！今天的課程乾貨滿滿，一定不要走開哦。」

需要注意的是，不同平台的直播主對觀眾的稱呼也各不相同。抖音平台的直播主更傾向於稱呼觀眾為「寶貝」、「寶寶」等，淘寶平台的直播主更傾向於稱呼觀眾為「家人」、「小姐姐」、「親」等，快手平台的直播主更傾向於稱呼觀眾為「老鐵」；而視頻號中的觀眾一般來源於社群平台，直播主更傾向於直接叫觀眾的名字。

3.6 即興提問：讓觀眾更瞭解自己

直播主與觀眾的有效溝通是十分重要的。為了有更好的溝通效果，直播主在與觀眾溝通的過程中，可以增加一個即興回答觀眾提問的單元。透過這個小安排，直播主可以拉近和觀眾的距離，向觀眾展示自己真實的一面，同時也可以活絡直播間氛圍，由此引出其他新話題，緩解冷場。在即興回答觀眾提問時，直播主需要注意以下幾個方面：

(1) 提問的時機

與觀眾互動提問的時機很重要，直播主可以讓觀眾先聽聽音樂，放鬆一下，隨後再進入提問、聊天等環節。這樣可以給觀眾一個緩衝、準備的時間，讓他們以專注的狀態參與互動。如果觀眾不知道問什麼，直播主可以先解答平時評論區討論得最熱烈的問題，引導觀眾逐漸進入狀態。為了保持直播間熱度，提出最後一個問題後，直播主可以不聊完，留一半下次再聊。這樣可以吸引一部分觀眾再來觀看直播。

例如，兩年前我在抖音上剛開始做直播，講色彩專題。一開始講紅色的色彩特質和色彩性格，留下性格多樣化的問題讓觀眾思考。接著，第二天講橙色，第三天講黃色，第四天講綠色……就這樣一個個顏色講下來，吸引很多觀眾追這個話題來看直播。

(2) 提問的方向

關於討論的問題，直播主要引導觀眾朝著與自己直播間的內容定位相關的方向提問，以此強化自己的人設和形象。

例如，我是魅力演講教練，主要講線上直播創業，那麼我就會把演講類話題作為提問的方向，讓更多人進入直播間，對直播主有一個直觀的印象。

(3) 提問的節奏

雖然即興提問是一個以觀眾為主導的環節，但直播主也要把控好節奏。

首先，直播主要預先收集一些平時評論區討論最多的問題，對觀眾的提問形成基本的預判。這樣不僅可以使直播主能夠從容應對觀眾提問，還可以應對觀眾問不出問題的情況。

其次，直播主不能總是照搬之前準備好的答案，而是要根據直播過程中觀眾的提問，結合實際交流的情況，對答案做出調整。例如，增加說明時間、跳過一部分內容等。

提問過程的節奏，以提問的水準和深度來做取捨。直播主要盡量快速跳過小眾的問題，對大部分人感興趣或有深度、大眾都想探索的問題，進行更詳細的解答。

(4) 先回答要點，再回答背景

在即興回答問題這單元，觀眾流動性很大。如果直播主不能根據問題的要點進行回答，可能觀眾就會直接退出直播間了。因此，直播主回答觀眾提問，要先回答要點，再回答背景，在數十秒內將想要說的重點問題說清楚。

在直播互動過程中，即興提問發揮著重要的作用。觀眾透過提問可以滿足自己對直播主的好奇心，從而從情感上更信任直播主。同時，直播主也能透過積極回答觀眾的問題獲得所需的資訊回饋，並進一步延展話題。問答互動在知識付費領域，尤其能夠提升直播主的專業水準。

3.7 巧用音樂：發揮感性的力量

人們處在一個情境或氛圍中，很容易受感性的影響而做出決策。在直播間裡，音樂是挑起感性情緒、烘托氛圍的利器。音樂既能活絡氣氛，控制直播節奏，還可以適當減少直播主表達的壓力。所以，直播間的音樂選擇是一個重要問題。

播放熱門歌曲一般比較保險，畢竟這些歌曲的知名度較高，容易開啟話題。每場開播之前，直播主可以用熱門歌曲熱場，迎合觀眾的口味才能留住他們。只有留住人，才能跟他們進行下一步的交流。

音樂的選擇也有很多技巧，合適的音樂能夠適度地渲染氣氛，將觀眾帶入直播主製造的氛圍中，更認可直播主的觀點。例如，直播間聊得比較愉快或觀眾有高興的事情時，可以選擇一些歡快的歌曲；直播主想抒情、渲染感動氣氛時，可以選擇一些節奏較慢的抒情歌曲。

直播主在平時要注意及時更新自己的音樂庫以滿足更多觀眾的喜好。有些觀眾喜歡的歌曲，直播主不一定知道。因此，直播主可以收集觀眾喜歡的歌，在下一次直播時播放，以讓觀眾知道直播主是把他們放在心上的。

此外，在一場直播中，最好能變換幾種音樂風格，時而歡快，時而抒情，才能牽動觀眾的情緒，避免他們感到乏味。以下介紹直播各個階段的音樂選擇：

(1) 開場音樂

開場音樂的主要作用是挑起觀眾的積極性，以及刺激觀眾留存。直播主可以配合自己的人設和直播的內容來選擇音樂。例如，激勵型直播主可以選擇動感一些的音樂，讓觀眾跟自己興奮起來；情感型直播主可以選擇抒情歌曲，讓觀眾放鬆下來，進入容易被打動的狀態。

(2) 背景音樂

背景音樂貫穿直播全場，發揮渲染氣氛的作用。但是，直播主要注意背景音樂不能喧賓奪主，蓋過自己講話的聲音，否則會讓直播間的氛圍變得嘈雜，讓觀眾產生煩躁的情緒。

(3) 感謝禮物的音樂

對於一些黏著度較強、願意互動的觀眾，直播主也需要為他們設計專屬音樂。例如，觀眾送禮物給直播主，直播主就可以設計播放一段感謝或祝福的話，如「昨天，今天，明天，拚出一個你我的未來。」此外，直播主還可以配合直播特效感謝送禮物的觀眾，讓他們得到獨家感受。

(4) 抽獎音樂

直播主在抽獎時需要用音樂烘托緊張的氣氛，挑起觀眾的積極性、興奮感，讓他們全部參與到活動中來。例如，我在直播時經常使用〈蜜雪冰城主題曲〉作為抽獎音樂，讓觀眾能跟著音樂的節奏興奮起來。

(5) 幫助下單的音樂

要想觀眾基於感性付款下單，就要將觀眾的情緒推向頂點。我在二〇二一年十二月做跨年演講時曾經用〈萱草花〉這首歌成交了三萬元的課程，許多觀眾都留言說深受這首歌感動。當時，我的直播主題是「創業夢想」，講述我創業過程中的辛酸和痛苦，再搭配上〈和你一樣〉這首歌，讓許多人想起自己工作、生活的不易，產生巨大的共鳴，於是紛紛下單支持。

音樂可以帶給人們感動的力量，刺激人們的情緒。語言的表達終究有限，直播主要學會用音樂來表達，為自己的語言添加魅力，用感性的力量打動觀眾。

4 品牌建立

用品牌背書 提高說服力

無論是在生活，還是工作中，只要你想對他人產生一定的影響，你就要擁有一定的說服力。特別是在直播產業中，直播主對觀眾產生影響力主要是透過語言來說服的。直播主對觀眾傳達資訊與價值觀的過程，實際上就是說服力發揮作用的過程。強大的說服力不僅會讓直播主在直播中擁有更多底氣，也會提升直播主的自信，是一件受益終生的事情。同時，說服力的提升也有助於觀眾認可直播主的實力。

在注重品牌的新消費時代，大多數人會認為擁有馳名商標的企業實力都很雄厚，也會覺得明星代言的產品品質應該不會差、新聞報導過的企業都值得信賴。這些想法都是品牌背書的積極作用。

其實，背書是雙向的。直播主在用自己的權威性和影響力為產品背書的同時，生產該產品的企業也在為直播主的選品品質進行背書。那麼，直播主如何才能借助品牌背書提高說服力呢？本章就來解決這個問題。

4.1 差異化定位：塑造自己的獨特人設

在直播領域，各大直播主競爭的是流量資源。因此，為了吸引更多觀眾關注，直播主需要進行差異化定位，即透過建立一個好人設打造直播特色。有了人設，當觀眾聊起直播主時，他們腦海裡會浮現一個清晰的人物圖像，或者當他們在講某件事情、遇到某個困難時，也會立刻想到直播主就是那個解決問題的最佳人選。

有人設的直播主會更容易獲得觀眾的信任，也會讓觀眾產生更深刻的記憶。直播主可以嘗試思考四個問題：我是誰？我需要什麼？我能做什麼？我有什麼有別於他人的地方？根據這四個問題打造與眾不同的人設，直播主才能在觀眾心中佔有一席之地。例如，我是一名從業八年的演講培訓老師；我需要教大家演講技巧；我能夠做思維培訓；我有別於他人的地方就在於我敢愛敢恨，個性鮮明、霸氣。

東方臻選的直播主董宇輝有著很高的熱度，他的人設是樸實、知識豐富、淡泊名利、思緒清晰、言辭犀利、大膽敢言等特點的集合，多年的教師從業經歷更是讓他練就出很好的口才和表達力。但有些直播主可能是普通的上班族或寶媽，他們的綜合實力也許沒有那麼強，那麼他們應該如何打造自己的人設呢？

打造人設的目的是成為直播界的唯一。直播主可以思考自己在職業、外表、性格、擅長領域等方面與其他直播主有什麼不同。例如，是否特別有耐心、在服裝搭配上是否有特別的心得體會、是否有獨特的美妝技巧等。

此外，直播主還需要把握以下七個打造人設的原則：

(1) 展現專業性

直播主在打造人設時，瞭解自己在哪個領域能夠建立優勢是非常重要的。如果直播主的直播是以自己擅長的領域為基礎，那麼就可以充分展現直播主的專業性。

鄭炳是掌成好課的合夥人之一，也是比較有名的專業考研究所的培訓師。他十分注重報考研究所知識的專業性。為了更準確地為學生講解考研究所的知識，他認真蒐集多家研究所院校的專業資訊，包括招生簡章及歷年的錄取情況等，以便不斷豐富自己的直播內容。同時，他也會為學生講解很多生動、鮮活的案例。這些都是他比其他考研究所培訓師更有優勢的地方，也是他打造人設的切入點。

在視頻號上，很多打造個人品牌的老師都開始逐步建立自己專業細分領域的辨識度。例如，擅長寫文案的，就定位文案個人品牌老師；擅長製作短影片的，就定位短影片個人品牌導師。

(2) 大膽挖掘，重複深化

人設不是憑空想像出來的，直播主應該從自身特點出發，根據自身特點打造人設。例如，在語言方面，直播主可以設計適合自己的口頭禪，並讓這個口頭禪成為自己的代名詞；在動作方面，誇張的表情和動作更能吸引觀眾的目光；在技能方面，直播主要熟知直播流程、產品特徵及賣點、相關優惠活動的參與方法及活動規則等。

直播主需要投入大量時間挖掘自己的特點，並選擇讓觀眾印象最深刻的特點進行重複出現，以不斷強化觀眾對自己的記憶，加深觀眾對自己人設的認知，從而擁有自己的辨識度。

(3) 找到亮點

任何人身上都有亮點，直播主要做的就是不斷強化自己身上的亮點，並讓更多觀眾看到。

另外需要注意的是直播主越真誠，就越能贏得觀眾的信任。因為不管直播主怎麼做，都會有人喜歡或不喜歡。而隨著粉絲的增加，按照同等比例計算，不喜歡直播主的人數肯定也會增加。但是，直播主要堅持做真實的自己。因為真實才是最能收穫粉絲的核心法則，把自己的優點最大化，把優勢展現得淋漓盡致，才能吸引粉絲關注。

(4) 少等於多

直播主身上可能有很多優勢，但如果直播主將多個優勢作為打造人設的亮點，反而難以吸引觀眾的目光。只有全力展現自己最突出的優勢，直播主才更能在觀眾心中留下深刻印象。因此，直播主最需要關注的是自己最突出的優勢，並根據這個優勢確定人設和直播風格，使自己能夠吸引更多觀眾。

個人優勢就是要聚焦一個技能，如果告訴別人你是文案導師，那麼你就要做到別人需要寫文案就會想起你。不要什麼都會，結果什麼都不精。

我在剛開始摸索線上創業做直播時嘗試過很多主題，如形象設計、女性成長、魅力演講、色彩能量、時間管理等。每一類課程都會有人喜歡，但談起「洳冰是做什麼的」就比較模糊。直到二〇二一年，我將自己的定位聚焦在教好「魅力演講」，我的直播和產品就都有龐大的市場增長空間，課程價值增值了百倍。

(5) 長期堅持

直播主一旦確定了人設，就不能隨意更改。因為只有長久地保持同一種人設，才能讓觀眾對這個人設產生深刻的記憶。為了長期堅持人設，直播主在進行每一次直播內容規劃時，都要考慮直播內容是否與人設相符。持續輸出與人設一致的直播內容，可以逐漸強化觀眾對直播主的印象，使直播主與觀眾之間的關係更牢固。

當然，長期堅持並不是要求直播主的每一次直播都必須完全符合人設。直播主適時推出一些驚喜活動，既能夠增加直播的新意，也能拉近自己與觀眾的距離。

值得注意的是直播主在設計主題時，如果是重要的大直播、長直播，要發售重要的產品，最好是根據自己的人設定位相關主題，這樣可以加大品牌權重。如果是平時日常直播，直播主就可以講周邊的主題。

例如，二〇二二年七月三十日，我策劃一場十二小時直播，題目就是「萬人魅力演講峰會」與演講相關。而我平時日常就會講創業、個人品牌、團隊、情商、社群、學習成長等很多線上創業的周邊話題。

(6) 瞭解觀眾的需求

直播主在結合自身特點和優勢打造人設的同時，還要充分考慮觀眾的需求。如果直播主選擇的人設與觀眾的偏好相差甚遠，那麼這個人設可能就是無效的。

家庭主婦、職場新人、二胎寶媽、創業老闆、退休老人等不同的觀眾對直播的關注點不同，他們心中最柔軟的地方也不同。例如，被重視、被關懷、被尊重、被理解是很多二胎寶媽的需求，如果直播主的目標群體是二胎寶媽，那麼「知心大姐姐」或「知心大哥哥」就是適合直播主的人設。

(7) 用數據說明

很多直播主會用名校畢業或曾經為知名企業服務過作為自己的優勢和背書，但沒有這些經歷的普通人如何說明自己的優勢呢？

我們可以用數據展現自己的優勢。例如，我做課程培訓，就會這樣描述自己：「我從事培訓工作八年，講過三百場線下課。」、「八年」和「三百場」，這些數據能很清楚展現我的從業經驗，以及我在產業內廣受認可。

再如，我想說明我的課程很好，就可以這樣說：「跟我學完文案，我八〇%的學員都已經十倍變現回來了，還有接近一五%的學員能夠變現百倍回來。」這些數據可以很直觀地讓觀眾感覺直播主很強大，確實在自己的領域深耕過，有從業經驗，產品有實實在在的效果。

直播主要圍繞外表、性格、專業性、優勢等方面不斷地思考，在其中找到自己和他人形成差異的方向，明確自己的定位。如果直播主的定位足夠精準且具有差異性，那麼人設就會更鮮明，直播主本人也會更有吸引力。

4.2 七三法則：七分口碑，三分轉化

在互聯網時代，微信、微博、小紅書、抖音、快手等平台的廣泛應用讓每個人都可以成為自媒體。自媒體是重要的資訊傳播途徑，其自帶的指數級傳播效應為直播主的自我行銷提供了便利。直播主可以在降低傳播成本的同時，大幅提高傳播效率。

直播主是公眾人物，意味著直播主需要為自己在鏡頭前的每一個行為負責。如果直播主在

直播時言行不當，或者直播間的產品被爆出存在品質問題，那麼與之相關的直播事故將很快在各社群平台傳播。

起初可能只有一個觀眾發現直播主的錯誤，但當他將錯誤傳到平台上後，就會有無數網友知道直播主的錯誤。此舉將直接影響直播間的人氣及直播主本人的口碑。觀眾可能不會再信任直播主，自然也不會對直播主輸出的內容和推薦的產品有好感。

為了避免出現上述問題，直播主可以從以下三個方面出發，不斷提升自己的口碑，爭取將自己打造成觀眾心中的良心直播主：

(1) 產品是直播的基礎

無論直播主的直播內容是講課，還是帶貨，都要保證內容和產品品質，以此樹立口碑，打造良好的形象。在直播中，直播主可以展現產品獲得的權威認證，或者相關專家、品牌代言人對產品的推薦，從而增強觀眾對產品的信任。例如，講課直播主可以告知觀眾，自己的課程是與業內專家一起設計的，或者知名企業家也認可課程。

如果沒有這些背景，直播主也可以說自己的專業背景。例如，自己是某知名機構的認證講師或教練等。

(2) 誠信是直播主人格魅力的推手

所有直播主都要講誠信。如果直播主在直播預告中介紹直播間將會有哪些福利活動，那麼在直播時就必須舉辦這些活動。直播主不能為了吸引關注進行虛假宣傳，而是應該落實活動的每個細節，確保觀眾能真正享受到優惠。

需要注意的是，直播主在直播過程中，除了要講明產品的優點以外，還需要坦誠地講明產品存在的缺點。任何產品都不是完美的，相比隱瞞產品的缺點，坦誠地講明產品的不足之處，更容易樹立良好的口碑。

一些直播主在介紹產品時只是一味地介紹產品的優勢，對產品的不足之處則絕口不提。這樣的自賣自誇只會讓觀眾對產品產生質疑。如果直播主在說明優點的同時也講明產品的缺點，就會讓觀眾感覺到真實與誠意，進而信任直播主及其產品。

任何商業的終極贏家都是誠實守信的人，直播也不例外。只有真誠、講誠信，直播主才會有長期追隨的粉絲和長久可做的生意。

(3) 做認證是打造優質口碑的重要部分

微博、抖音、視頻號等直播平台都有認證功能。以視頻號「泇冰魅力演說教練」為例，如P.112 圖 4-1 所示，其名字下面有個金色對勾，旁邊有一行字：教育博主。有些直播主以為這是簡介的一部分，其實這是視頻號的官方認證，是帳號的一個重要組成部分，可以展現直播主的權威性。要得到視頻號的官方認證，直播主需要提出申請，並在通過審核後才可以得到認證標識。

圖 4-1 「洳冰魅力演說教練」視頻號認證

目前，視頻號認證分為兩類：一類是企業認證，另一類是個人認證。

企業認證是針對企業的，必須有工商營業執照才可以申請，相對比較正式。而且，獲得企業認證的視頻號需要圍繞企業來輸出內容和做直播。

如果直播主沒有工商營業執照或不想申請企業認證，那麼可以申請個人認證。獲得個人認證的直播主可以靈活、多樣地輸出內容，在做直播時也不會受到很多限制。

個人認證又分為職業認證和興趣認證。職業認證通常是針對專業人士開放的，如醫生、教師、藝人、作家、運動員等；興趣認證在申請資格上沒有要求，但有粉絲量的要求，即必須有一千個有效粉絲才可以申請。

如果視頻號沒有通過認證，那就會影響直播主的口碑。而且，直播主也不能在視頻號首頁放自己的微信，更不能在直播間展示微信帳號。這嚴重限制引流管道和引流效率。因此，直播主需要儘快做認證，讓觀眾感受到自己的權威性。

直播主透過打造口碑吸引觀眾進入直播主間，然後將觀眾變成粉絲，最後將其轉化為生產力，並透過反覆觸及促成多次回購。總之，直播主需要讓自己在觀眾心中有良好的口碑，這樣才可以提升轉化率，使觀眾的價值實現最大化。

4.3 KOL＋KOC：雙管齊下，優化直播效果

社會發展日新月異，在人們還沒明白KOC的概念時，KOL已經在悄無聲息地走進人們的視野。KOL即關鍵意見領袖，他們相對於KOC，對產品資訊有更深入的瞭解。而且，他們的意見往往也會在一定程度上影響觀眾下單的意願。

KOL是各自領域的專家，能夠對有購買想法的群體產生較大的影響，從而進一步優化直播效果。其實，KOL已經在各大媒體平台上洗版，如微博大V、抖音網路紅人、淘寶代表直播主、B站百大UP主、小紅書百萬粉絲博主等。他們對大眾的消費行為產生不同程度的引導，可以影響大眾的消費決策。

KOC即關鍵意見消費者，他們更像是處在成長過程中的KOL，只不過因為粉絲較少，無法對很多人進行消費引導。但粉絲少也並非全是壞處，由於KOC的圈子更垂直、更細分，人們對其的接受度與喜愛度也更高。同時，KOC也是關鍵消費意見給予者。

在直播領域，KOC其實更常見。例如，直播間中的「房管」、社群中的粉絲管理員、團隊中的代理商等都屬於KOC的範圍。而KOC之所以在直播領域佔有重要地位，主要出於以下兩方面的原因：

其一，KOC可以建立觀眾對產品的信任情境。在直播間中，KOC的本質還是觀眾，他們與其他觀眾一樣。而共同的身分最容易建立信任情境。例如，視頻號直播主「蘭姐早餐食光」曾推薦過一款高端合金筷子禮盒，蘭姐在直播時介紹說：「這款筷子採用玻璃纖維高分子材料，韌性好、耐高溫、不發霉，而且十分防滑，即使老年人也可以用得很穩。」

但是，仍有觀眾表示這款筷子的價格有些貴。此時，蘭姐直播間的「房管」出來表示，他之前就聽蘭姐的推薦買了這款合金筷子，使用體驗與普通筷子大不相同，而且這款筷子的使用壽命長，性價比很高。

得到這樣的回饋後，很多觀眾都下單購買這款合金筷子禮盒。因為他們認為「房管」也是觀眾中的一員，他沒有必要為了幫助蘭姐賣筷子而誇大其辭，所以也會更信任這位「房管」的話。

其二，KOC可以打造觀眾與直播主的對話情境。KOC在直播中或在社群中發表的評論通常會很快引起直播主的重視。因為KOC相當於觀眾的代言人，他的感受一定是大部分觀眾的共同感受。

此外，KOC的評論也會引發直播間的觀眾針對某個話題展開討論，甚至在一定程度上引導觀眾的言論方向。透過KOC的評論和觀眾的討論，直播主可以清楚地瞭解到觀眾的真實感受和實際需求，從而優化自己的形象和口碑，與觀眾建立更緊密的連接。

綜合地看，KOL與KOC的不同，有以下幾方面：

(1) 受眾不同

KOL一般是某產業的專家，他們會在直播時用十分專業、客觀的語言向觀眾輸出內容，為觀眾提供相關建議。而KOC則不同，他們與普通觀眾沒有多大的區別，分享的內容是帶有主觀性的親身使用體驗，直播也更接地氣。

(2) 內容不同

KOL通常有自己的專業團隊，包括文案策劃師、攝影師、行銷人員等。因此，他們在直播過程中輸出的內容往往品質很好，提供觀眾一種舒適的觀看體驗。KOC則需要完成寫文案、拍影片、選品等工作。雖然他們產出的內容可能品質一般，但充滿人文色彩的關懷，觀眾視角更多，他們自己也是產品的體驗者，忠實用戶，更貼合觀眾的日常生活和工作。

(3) 流量不同

KOL掌握著公域流量池，觀眾來源廣泛且複雜，通常很難及時地對觀眾的問題進行回覆，甚至會給觀眾一種「高高在上」的距離感。以人與人之間的信任為基礎的KOC則以私域流量為主攻點，致力於建立小範圍的人際關係，能夠更深入地與觀眾進行互動。與KOL相比，KOC的粉絲黏著度更高。

KOL與KOC各有長處，二者融合可以打破行銷界限，將直播的各個環節連接在一起，為直播間吸引更多流量。當粉絲數量較少時，直播主需要作為KOC為觀眾提供有建設性的意見，以及更優惠的產品；當直播主成為KOL後，則需要聘請專業團隊進一步優化文案策劃、直播內容設計等工作。

現在KOL與KOC逐漸融合，直播主也會根據自身情況巧妙地轉化身分。於是，「KOL+KOC」模式應運而生。

例如，我們作為觀眾，想在直播間購買一個掃地機器人。那麼，在購買前我們肯定會在很多平台上搜尋此類產品。我們會看到很多KOL對此類產品的評價，這些評價可能有好有壞。我們參考多方意見，決定選擇小米公司的掃地機器人。此時，我們可能不會從為我們推薦產品的KOL那裡購買產品，因為他們給出的價格不夠理想。出於追求優惠的原因，我們可能會在熟悉的KOC直播間購買掃地機器人。

以上便是「KOL+KOC」模式的運作邏輯，即直播主先作為KOL為觀眾提供專業的產品介紹與使用體驗分享，接著再作為KOC提供更主觀的購買意見，並在直播間以更優惠的價格銷售產品。這樣二者雙管齊下，可以讓直播主享受公域和私域兩方面的流量紅利，優化直播效果，進一步提升直播間的人氣，促進產品銷售。

4.4 雙向背書：企業品牌為主，個人品牌為輔

有些直播主經營並管理一家甚至多家企業，他們身上往往肩負著兩類品牌：企業品牌、個人品牌。為了吸引觀眾，讓直播效果更好，他們可以將個人品牌與企業品牌綁定在一起，實施「企業品牌為主，個人品牌為輔」的策略。

此類策略非常適合創業者、企業家使用，如雷軍、俞敏洪等。以俞敏洪為例，他帶領新東方的教師們開創出東方臻選品牌，找到直播的新形式，即一邊帶貨，一邊教授英語知識，讓觀眾獲得物質與精神的雙豐收。

很多觀眾是因為俞敏洪才知道東方臻選，並進入直播間購買產品。可以說，俞敏洪的個人品牌讓東方臻選獲得階段性成功。但他沒有將東方臻選打造成個人品牌，而是推出董宇輝、頓頓、明明、YOYO等直播主，讓東方臻選作為一個企業品牌而存在。此後，他的個人品牌則成為東方臻選背後的強大助力。

除了新東方與俞敏洪，另一個典型案例是羅振宇與他的「得到」App。

羅振宇原是央視的節目製作人和主持人，自身專業能力夠，為後來的自媒體工作打下扎實

的基礎。二〇一二年，羅振宇打造一款知識脫口秀節目《羅輯思維》。羅振宇以其風趣幽默卻又言辭犀利的反差特點在網路爆紅，逐漸打造出自己的個人品牌，他決定乘勝追擊，推出自己的直播演講節目。

二〇二一年，羅振宇的跨年直播演講主題為「長大以後」。

二〇二二年，羅振宇的跨年直播演講主題為「原來，還能這麼幹」。

除了跨年直播演講，羅振宇在日常的直播演講中也是金句頻出。

「有的人生活在晚上十點，因為他留在昨天；有的人生活在凌晨二點，他必將迎接未來。同樣是伸手不見五指，但這就是區別。」

「當侏羅紀快要結束的時候，恐龍必死。在侏羅紀一個地質時期當中，恐龍是何等的強大。但是，它們拖著沉重的肉身、笨重的思想，它們穿越不出這個地質季節。」

一時之間，羅振宇的金句在網路爆紅。他創辦的「得到」App受到大量關注，除了羅振宇之外，武志紅、吳軍、何帆等知名學者都在「得到」App進行線上授課，獲得廣泛好評。「得到」App還曾登上App Store知識付費類年度趨勢榜單。得益於羅振宇的個人影響力，「得到」

App 也成了知識付費領域的知名企業品牌。

打造企業品牌和個人品牌，使二者實現雙向背書，需要一個漫長的累積過程。在這個過程中，直播主需要重視以下五個關鍵點：

第一，提高企業的知名度，堅持自身特色，不斷創造熱門話題，加強宣傳。

第二，以完善美譽度與可信度為主要關注點，腳踏實地地提高產品品質與服務水準，真心實意地向觀眾輸出有價值的內容，進一步夯實直播基礎。

第三，對於企業品牌和個人品牌來說，忠誠度都是非常重要的。直播主要以提升觀眾的忠誠度為目標，促進直播間持續發展。

第四，個人品牌與企業品牌的價值觀、風格、定位要保持一致，而不能相悖。

第五，以真誠的態度對待觀眾，在企業品牌和個人品牌中注入情感。

雷軍憑藉企業品牌和個人品牌的雙向背書，在直播時創下紀錄，帶貨金額高達上億元。他的直播會讓觀眾有一種親切的感覺，觀眾會不自覺地把他當成長者、朋友、老師。因此，很多觀眾受到他個人魅力的吸引，成為小米手機的忠實用戶。

綜上所述，企業品牌與個人品牌相互促進、融合，並且可以共同發展，實現雙向背書。如果只強調企業品牌的作用，則會令企業少了一絲人情味，無法拉近直播主與觀眾之間的距離。而如果過於強調個人品牌，則可能對企業品牌產生反噬。至於如何維持二者之間的平衡，直播主則需要在實踐中不斷摸索和調整。

4.5 心貼心：多管道提高直播曝光度

十萬以上人次場觀的直播間的價值，等同於十萬以上人次閱讀量的微信公眾號爆文的價值。曾經很多自媒體從業者都以能寫出十萬以上人次閱讀量的爆文為目標，而現在讓直播間達到十萬以上人次的場觀，也成為各大直播主每天期待達成的目標。

現在觀眾打開視頻號、抖音等直播平台，就能發現很多十萬以上人次場觀的直播間，如臉部逆齡瑜珈教學的直播間、教觀眾做家常菜的直播間等。這些直播間之所以有這麼高的場觀，一個很重要的原因是它們提前入駐多個管道，想方設法提高曝光度，激起觀眾內心深處的需要。

那麼，哪些管道可以幫助直播主提高曝光度呢？

(1) 企業／機構官網

企業／機構官網是觀眾瞭解直播間所銷售產品的最佳途徑，許多觀眾在購買某產品前都會到官網對該產品進行瞭解。官網擁有新聞發送、口碑行銷、產品展示等功能，是企業／機構面對社會的重要窗口。因此，直播主和企業／機構合作推銷產品時，可以運用官網宣傳直播。

有些觀眾可能並不關注直播，但會透過官網關注自己心儀的企業／機構。直播主透過官網宣傳直播，能夠吸引這些觀眾前來觀看直播。例如，某直播主與某機構達成合作，以首席體驗官的身分推薦該機構的人力資源管理課程。

在直播前，為了吸引更多觀眾觀看直播，該直播主在該機構的官網上發送直播預告。以前不關注直播，但關注人力資源管理課程的HR透過官網上的直播預告得知直播資訊，在直播當天紛紛進入直播主的直播間購買課程。也就是說，這位直播主透過在官網上發送直播預告的方式，為直播間帶來更多流量。

觀眾進入企業／機構的官網，就意味著對其產品產生需求。雖然官網自帶下單功能，但產品的價格往往沒有優勢。而直播主與企業／機構合作，對方會給予直播主一定的優惠，直播主也可以用相對優惠的價格吸引觀眾下單。

對於追求實惠的觀眾而言，當他們進入官網準備下單時，如果能夠看到直播主的直播預告，那麼他們一定願意去直播主的直播間以更優惠的價格購買產品。

同時，有些觀眾可能會因為直播間的產品價格低於官網的產品價格，而對直播主推薦的產品產生懷疑。如果直播主將直播預告發送在官網上，那就表明瞭直播主與企業／機構合作的真實性，從而打消觀眾的疑慮。

直播主透過官網宣傳直播，不僅能夠吸引更多觀眾關注自己的直播，還能夠透過官網證明自己所銷售產品的真實性，贏得觀眾的信任。總之，直播主在與企業／機構合作時，一定要充分運用官網這個管道做好直播預熱工作。

很多直播主在介紹完產品後會放上電商平台的產品連結，讓觀眾能夠透過電商平台下單。在帶貨過程中，電商平台是連接直播主和觀眾的重要管道。因此，直播主可以透過電商平台宣傳直播。

以視頻號為例，直播主透過視頻號宣傳直播的優勢是十分明顯的。視頻號背靠微信，擁有廣泛的用戶群，直播主要想進一步擴大直播的傳播範圍，一定不能忽視這個平台。

(2) 電商平台

首先，觀眾可以透過微信的視頻號入口進入視頻號推薦頁，隨機進入演算法推薦的直播間，也可以直接選擇進入自己關注的直播主直播間，還可以透過直播主發送的直播預約頁面進行預約。總而言之，視頻號對於觀眾來說是一個十分方便的直播平台。

進入直播間後，直播間右下角便有一個產品櫥窗的標誌。如果觀眾對直播主介紹的產品感興趣，就可以直接點擊產品櫥窗的標誌進行購買。

其次，對於知識付費類直播主來說，視頻號也提供實際的支持。近來，視頻號連通和小鵝通的後台連接。小鵝通是提供知識產品與用戶服務的平台，有直播、培訓等多種課程產品。知識付費類直播主可以將自己的課程加入其中，觀眾只要在直播間購買課程，就可以在小鵝通後台直接觀看。無論是對於直播主打造私域流量池，還是對於觀眾的購買、使用體驗，這一改進都大幅提升效果。

視頻號的用戶優勢、直播激勵機制等都會為直播預熱提供支持，直播主一定要重視視頻號等直播平台的作用，借助它們的力量做好直播宣傳。

(3) 社群平台

隨著行動網路的快速發展，人們的社交也呈現線上化趨勢，越來越多的人都在閒暇時間在各種社群平台上維持人際互動。直播主要抓住這個趨勢，多在社群平台上對直播進行宣傳，包括發售產品前的預熱。

①透過微信宣傳直播

直播主可以在微信上透過多種方式發送直播預告。例如，直播主可以透過朋友圈推送直播預告，宣傳海報，並設置轉發福利：「轉發朋友圈，免費獲得一份電子書。」這樣可以透過朋友圈的多次轉發，達到直播大範圍的宣傳。

另外，直播主也可以透過微信公眾號發送直播預告。例如，現在的微信公眾號已經與視頻號可以互通，直播主在發出直播預告後可以將直播預約卡片貼在自己的微信公眾號上，觀眾在瀏覽微信公眾號時，就可以直接點擊預約按鈕預約直播，如圖 4-2 所示。

视频号直播 · 预告
洳冰魅力演说教练
“每个行业都值得和洳冰再颠覆一次”
传统投资人走向财商教练转型之旅
08月17日19:30直播
微信扫码预约

圖 4-2　視頻號的直播預約 QR code 界面

②邀請大V宣傳直播

某明星曾經在微博上曬出一張與郵筒合照的照片。照片發出後，細心的粉絲發現這個郵筒位於上海某街頭。於是，在此後一段時間，這個郵筒旁邊排起長長的隊伍，很多人都拍攝自己與該郵筒的合照。這就是名人的影響力。

同理，直播主可以邀請有知名度的大V為自己的直播做宣傳，借助其影響力使自己的直播間獲得更多關注。但需要注意的是，不同的大V有不同的定位，直播主一定要分析其定位是否與自己的直播風格及直播間產品的屬性一致。只有與合適的大V合作，直播宣傳才會獲得更好的效果。

③社群經營實現粉絲二次裂變

社群經營是打造完整經營模式必不可少的重要部分。例如，我在社群中發起過粉絲邀請競賽，發動社群成員一起進行粉絲裂變，在邀約競賽中提供限量版禮品（見圖4-3），提高粉絲的參與程度。

圖 4-3　粉絲邀請競賽活動

④提前做短影片宣傳

◆ 邀請學員送祝福，提前預祝直

播順利。來自全球各地的學員的祝福影片非常有勢能。

- ◆錄製短影片親自介紹直播的主要內容和觀看直播的好處，優質的內容滿滿，福利多多。
- ◆發送相關的宣傳資料短影片，引起觀眾的好奇和期待。

⑤提前連線準備

在視頻號直播，直播主可以提前一周進行連線預熱。連線嘉賓與直播主的粉絲能夠互相引流，非常容易「破圈」。同時，相互連線，對於提升直播間的熱度也很有效果。

4.6 IP打造：直播主如何為自己代言

在流量時代，各直播主之間的競爭十分激烈。稍有不慎，直播主就可能錯過最佳機會，被對手超越，甚至打敗。為了在競爭中搶佔先機，直播主應該打造IP，為觀眾提供極致的觀看體驗，並在無形中與觀眾建立強大的信任關係。

IP能夠為直播主吸引更多流量，提高直播主的變現能力，同時也可以進一步增強觀眾的黏著度。

例如，我是一名魅力演講教練，有八年的線下授課經驗，擁有扎實的演講技能，目前在線上開發自己的課程，主要有演說系列和線上創業系列。

在個人品牌崛起的時代，把演講技能融入創業能力中，能夠幫助很多創業者找到創業的方向。講好產品，讓產品擁有更強的變現能力。透過這些內容的輸出，我建立自己的專業口碑。同時，透過完成流量產品的打造，以及信任產品和利潤產品的商業模式設計，我完成流量的累積，幫助許多創業者不斷明確自我定位，找到適合自己的演說風格和正確的線上產品設計方向。

如果想像我一樣打造優質IP，除了自身的專業能力以外，直播主還要重視以下三項技能：

(1) 輸出優質內容

對於直播主而言，物美價廉的產品、精心設計的直播腳本都是優質內容的展現。在直播過程中，這些內容有非常重要的作用。無論直播主的事業發展到哪個階段，輸出優質內容都是直播主打造IP、確保自己能夠穩定發展的必要條件。總之，只要內容能夠持續吸引觀眾，直播主就有機會向超級IP進化。

最好用系列、連續、關聯的方式，讓觀眾願意追隨直播內容。例如，我最早在抖音上講色彩課程，先講了紅色、橙色、黃色，很多人進來就很好奇，那綠色呢？藍色呢？在聽到紫色這個色彩之後，有新進入直播間的觀眾就會問：「紅色呢？」就這樣，我連續兩個月都在循環播放色彩主題。色彩這個主題吸引很多人的注意，他們也願意追隨下去。

(2) 穩固品牌印象

如果持續輸出優質內容是打造IP的重要前提，那麼穩固品牌印象就是打造IP的必要手段。只有讓品牌印象深深地刻在觀眾心中，直播主才有機會成為令人矚目的超級直播主。

例如，papi醬從最初的搞笑博主成長為如今橫跨各大平台的超級IP紅人。雖然促使她成功的因素有很多，但有一個不能夠忽略的因素就是她在經營品牌的過程中一直在強化品牌印象。Papi醬先將自己打造成個人品牌，然後反覆打磨個人品牌，最終使個人品牌深入人心。現在觀眾只要一聽到「一個集美貌與才華於一身的女子」這句話，就會立刻想到papi醬。這就是個人品牌的強大力量。

在直播過程中，直播主需要向觀眾提供記憶錨點。例如，「今年過節不收禮，收禮只收腦白金」這句家喻戶曉的廣告語便是一種記憶錨點，其能夠讓聽到的人立刻想到腦白金這個產品。記憶錨點不一定要數量多，也不拘泥於形式，但一定要足夠深刻。記憶錨點可以是一句響亮的口號、一個鮮明的標誌，也可以是直播主的獨特人設。總之，記憶錨點要能夠讓觀眾時常想起直播主及其直播間。

記憶錨點也就是每個直播主都需要有自己的超級口號。例如，我在線下課會展示很多平時直播用的口號，學員會有很強的共情時刻，如圖4-4所示。

圖4-4　直播間口號

(3) 完善經營模式

在直播步入正軌後，直播主需要總結可複製的經營經驗，形成一個標準化的模式，並確保每個環節可以正常運轉，形成良性循環。這種良性循環就像工廠的生產線，倘若某個環節出差錯，那麼一定會出現不可估量的損失。同理，在直播過程中，如果哪個環節出現問題，就有可能導致直播事故，甚至有可能導致直播主以往的努力功虧一簣，無法在直播產業立足。這就需要直播主親身瞭解並參與直播的每個環節，優化不合理之處。

以視頻號為例，視頻號的經營模式如圖 4-5 所示。

對於直播主來說，無意間進入自己直播間的觀眾都是陌生的公域流量。這些陌生的流量可能很快離開直播間，也可能被直播主的直播內容吸引而留下來。這時就到經營模式的第二個階段：直播主能否透過自己的表達力和說服力讓陌生流量留存下來。一般而言，直播留存流量的方法主要是降低入門門檻。例如，一九．九元的課程是絕大部分人都能夠接受的，直播主可以透過低價格讓觀眾嘗試課

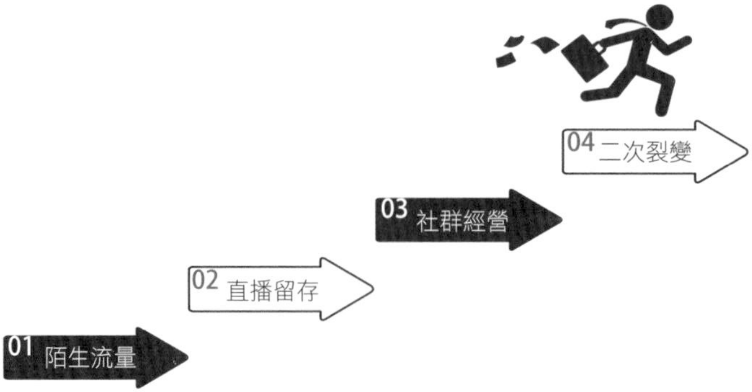

圖 4-5　視頻號的經營模式

程，從而對其產生興趣。

一旦有陌生流量留存下來，直播主就要抓緊進入第三個階段，即引導觀眾進入自己的社群，並透過社群的經營完成對觀眾的賦能。成功賦能之後，觀眾對直播主和課程的滿意度自然會提升。此時就是進行粉絲二次裂變的最好時機。觀眾願意幫直播主做裂變推廣，直播主也要給他們一定的激勵與回報。

這樣一套流程下來，直播主就已經打通經營模式的各環節，形成一套完整的流量商業模式。這對於打造私域流量池來說至關重要。

總之，打造個人IP不是一件容易的事情。只有擁有好的產品設計能力、扎實的演講功底，堅持輸出有優勢的內容，穩固品牌印象，完善粉絲留存轉化機制，再逐步形成粉絲自行運轉裂變，最後形成個人風格，才能讓觀眾愛上直播主，愛上直播間的產品。

5

建立信任

直播主為何頻頻遭遇信任危機

誠信是為人之本。對於直播主而言，與觀眾建立信任是做好直播的基礎。本章對建立信任的相關問題進行探討與分析，為直播主提供切實可行的方法和技巧。

5.1 品質掌控：不要在直播時被當成騙子

許多直播主在直播時可能遇過以下的問題：觀眾認為直播主銷售的產品不可靠，甚至會把直播主當成騙子。不可否認的是，觀眾普遍更願意相信擁有百萬粉絲的直播主，認為他們有一定的公信力，不會銷售品質不合格的產品。這種情況在抖音尤為明顯，因為抖音是以流量為基礎信任的直播平台。

產品是直播主進行直播的內容，也是直播主與觀眾建立信任的媒介。因此，直播主要格外重視產品的品質。直播主銷售的產品品質好，不僅可以提升直播主的口碑，還會進一步鞏固直播主的個人品牌。如果直播主銷售的產品出現問題，那麼觀眾必然會對直播主大失所望，直播主的形象也會受到打擊，從而出現大量粉絲「脫粉」的現象。

晶晶經營著一家化妝品店，每天都透過直播的方式銷售產品。經過兩年多的經營，晶晶的化妝品店已經累積有二十多萬粉絲，晶晶也在粉絲心中建立「晶晶推薦，品質看得見」的標籤。粉絲對晶晶十分信任，會積極觀看她的每場直播。

然而，就在二〇二二年七月，晶晶的化妝品店發生意外。在某次直播中，晶晶向粉絲推薦新上市的一款粉底液，並講明其特點是不脫妝。經過晶晶的熱情推薦，許多觀眾紛紛下單購買該款粉底液。但是，很多購買該款粉底液的觀眾在使用時卻發現其效果並不好，而且經常會出現脫妝的現象。這和晶晶在直播時講的「不脫妝」大相逕庭。於是，很多觀眾選擇在直播間發差評，甚至表示再也不會買晶晶推薦的產品了。

在得知這些情況後，晶晶立刻對購買該款粉底液的觀眾進行退款處理，並將處理結果及道歉聲明發送在微信、微博、小紅書等平台上。同時，晶晶還特別開了一次直播，向觀眾致歉，表示她除了會對觀眾進行補償以外，也會及時下架這款粉底液。雖然她及時處理這件事情，但這事件還是對她的聲譽造成很大的影響，她的直播間也因此減少很多觀眾。

對於直播主而言，保證產品的品質是一切銷售活動的基礎。如果直播主難以保證產品的品質，那麼其個人品牌也就沒有生根發芽的土壤，直播效果也就無從談起了。瑜珈老師心海在直播時就非常注重產品的品質，會認真地為學員傳授知識。

心海是視頻號「心海覺能量瑜珈」的創作者。在進入視頻號直播之前，她已經有十一年的私密療癒經驗，同時也是中國國家二級心理諮詢師。她看到很多直播主的成功案例，於是也進入直播界。

用心教學是心海的一個關鍵標籤。她在直播間發起一個二十一天身體訓練計畫，每天早上帶領學員做瑜珈，進行身體訓練，將瑜珈的技巧和方法一步步地傳授給學員，而且還很注意與學員互動。如果學員有不懂的問題，她都會很有耐心地反覆解答。因此，學員十分願意觀看她的直播。

有越來越多的學員在打卡過程中感受到自己身體的變化，不僅皮膚變好，身材變得更健康了，而且沒有透過刻意的節食、忌口，只是簡單地調整呼吸的方式，整個人的精神面貌都煥然一新。於是，很多人都主動問心海有沒有更高階的課程。所以，心海的課程單價逐漸從一九九元延展到九九九元，她甚至還開辦了定價二萬多元的瑜珈導師班。因為很多學員都主動問心海可不可以和她學習怎麼教更多的人把身體鍛鍊好，所以心海的導師班一推出，就有很多學員主動下單。

透過二十一天的打卡訓練建立信任，越來越多的人成為導師班的一員，心海的課程由自己一個導師經營變成多個導師經營。這就是一個完整的商業模式，實現更大的裂變。

這主要得益於心海的課程貨真價實，並不是空有名頭。經過二十一天的打卡，學員確實有了很大的收穫，這才為後續的課程銷售打下基礎。如果課程沒有效果，即使打卡二十一天，學員也不會購買。

直播主要想讓觀眾信任自己，必須對自己的產品品質嚴格把關。在正式直播前，直播主要透過試用、測試等方式切實地感受產品的品質，或者讓觀眾親身感受到課程的實用性。久而久之，觀眾就會看到直播主的誠意，並願意主動購買產品。

此外，直播主還可以與知名度較高、信譽有保障的供應商合作，讓觀眾可以對產品的品質少一些質疑。但是，直播主需要保證銷售的產品為正品，否則會為自己帶來很大的麻煩，如直接失去觀眾的信任、直播間被封等。

5.2 專業講解：用專業的介紹讓觀眾信服

在大多數情況下，觀眾可能只知道自己需要購買什麼產品，而並不太瞭解與產品相關的專業知識。但是，作為產品銷售者的直播主卻不能不瞭解自己的產品。隨著直播領域的競爭越來越激烈，喊口號的銷售方式已經難以讓觀眾對直播主產生信任。直播主要想與觀眾建立信任關係，就必須對產品進行極具吸引力的講解和介紹。

FABE法則是介紹產品的方法之一，能夠幫助直播主更系統地向觀眾傳遞產品的關鍵資訊。FABE法則如圖5-1所示。

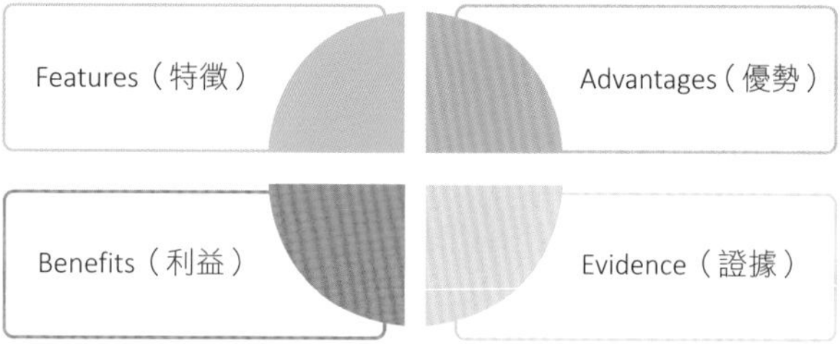

圖 5-1　FABE 法則

(1) Features（特徵）

產品的特徵包括參數、價格、功能及效果等。人們在購買產品時，都會瞭解產品的特徵，以衡量產品是否適合自己。因此，直播主在直播時可以面對面向觀眾介紹產品的特徵，從而使觀眾更深入地瞭解產品。例如，某直播主在介紹健身課程時說：「這個健身課程價格低，而且只需要三個月就可以有不錯的瘦身效果。」價格低、效果好就是這個健身課程的特徵。

(2) Advantages（優勢）

直播主需要解釋為什麼產品值得觀眾購買，即向觀眾展示產品的優勢。還是用健身課程來舉例，直播主在對健身課程進行介紹時可以說：「我們的健身課程有一個非常好的優勢，那就是如果學員沒有在規定的時間內達到瘦身效果，可以要求退款。」對於想健身又怕沒有效果的觀眾來說，隨時退款就是一個很大的優勢。

(3) Benefits（利益）

利益就是觀眾購買產品可以獲得的好處。直播主在介紹健身課程時可以說：「很多購買健身課程的學員都比之前瘦了很多，身體也不像之前那樣虛弱。」變瘦、身體更強壯是這個健身課程帶給觀眾的利益，直播主需要將其強調出來。

(4) Evidence（證據）

證據即用事實證明直播主介紹的內容是真實、可信的，而不是為了把產品銷售出去在胡亂吹噓。直播主可以說：「很多學員本來只購買第一期健身課程，但因為效果很好，而且我們的健身教練也非常負責，就又接著購買後面幾期課程。」直播主可以將學員健身前後的體重、身形對比圖展示出來，並給觀眾看健身教練幫助學員健身的照片，以及學員購買後面幾期課程的轉帳紀錄（請將重要資訊打馬賽克）。

在正式直播時，直播主可以用一個固定句式將上述四個要素連接起來：因為產品（特徵）……所以能夠為您帶來（優點）……您在購買後會發現產品可以讓您（利益）……這不是我在誇大產品，而是因為購買過的觀眾都（證據）……。

FABE法則可以讓產品介紹更有吸引力，但對於知識付費類直播主來說，專業性才是首要的。直播主在直播時應該展現自己的專業程度。

知識付費類直播主要用自己的專業知識內容講解將觀眾留在自己的直播間，進入自己的社群。我現在做的就是知識付費領域的直播，我是洳冰魅力演講的創始人，在創業、社群經營方面也有自己的成功案例，目前我主打的就是「課程＋圖書」、「社群＋直播」的產品模式。

例如，我在直播間會和觀眾分享我演講時遇到的挑戰、創業初期的困難等，但我並非簡單地分享一個故事，而是會用自己從業以來的專業知識帶動觀眾的思緒和情緒，讓他們透過我的故事獲得專業性的幫助與解答，能夠在我的直播間受益。所以，有很多觀眾會主動詢問我有沒有相關的課程、訓練營。

我曾推出過一款「演講成交力」的訓練營課程，從零講起如何搭建自己的演講結構，很受觀眾歡迎。之後，我也推出我自己的限量版實體書《人生句本》，如P.138圖5-2所示。

我希望透過這種「課程＋圖書」、「社群＋直播」的模式，能夠為觀眾帶來更多有益的收穫。特別是對於一些流量還不夠多的直播主來說，透過這個模式深度強化基本功，能夠很快提升自己的專業能力。

當然需要注意的是，吸引力強、專業度高的產品介紹雖然非常重要，但直播主也不能忽視直播間的互動氛圍。直播主可以先介紹產品，輸出一些專業資訊，然後讓觀眾提出問題，並即時幫助觀眾解決問題。而且，直播主還可以和觀眾連線，為觀眾提供福利。這樣不僅能帶動直播間的氣氛，還能進一步提升觀眾的忠誠度。

圖 5-2 《人生句本》實體書

5.3 巧妙報價：先說優點，後說價格

在報價階段，直播主並不是單純將產品的價格報給觀眾就好，而是要充分滿足觀眾追求實惠的心理。如果直播主報出來的價格不能讓觀眾感覺到實惠，就難以激發觀眾的購物熱情，甚至會引起觀眾的不滿。

在報價時，直播主要注意：先有價值，後有價格。

現在各種類型的直播間比比皆是，觀眾自然會選擇在價格更合適的直播間購買產品。不過，如果直播主對產品的報價過低，也會引起觀眾的質疑。他們會想產品是否有品質問題，否則為什麼有如此低的價格。

直播主在銷售一款產品時，不要一開始就把價格報出來。觀眾在不瞭解產品的情況下，難以判斷產品的價格是否合理。而且，一旦觀眾先瞭解產品的價格，之後在聽直播主介紹產品時就會將產品和其價格作對比。經過這樣的對比，觀眾往往會變得更挑剔，從而對產品及其價格產生異議。

直播主應該先根據FABE法則將產品的賣點介紹給觀眾，讓觀眾瞭解產品，然後再報價，這樣能使觀眾更容易接受產品的價格。例如，直播主想銷售一款價格為一九九九元的財務課程。如果直播主一開始就表明這個課程的價格為一九九九元，那麼有些觀眾可能聽到價格就直接退出直播間了。因為對於一部分觀眾而言，他們不會用一九九九元購買這個課程，也就不想繼續瞭解這個課程的其他資訊。

直播主要想把這個課程銷售出去，就不能在介紹這個課程前先表明價格。直播主可以先介紹：「今天我推薦給大家的這個課程是由知名金融機構打造的，大家可以從中學習到很多實用的財務知識。而且，為大家講課的都是從業經驗非常豐富的金牌財務總監，他們會指導大家將財務工作做好，使大家的事業更上一層樓。」

當直播主介紹完這個課程的優勢後，有相關需求的觀眾就會產生購買這個課程的想法。此時，直播主再順勢報出價格：「現在這個課程的價格為一九九九元。」當然，可能會有些觀眾認為價格偏高，但因為他們已經瞭解這個課程的優勢，明白價格偏高的原因，所以他們還是願意下單。

直播主在報價前應該詳細介紹產品的優勢，讓觀眾瞭解產品的真正價值。如果直播主對產品的介紹激起觀眾的購買慾望，那麼他們對價格的要求可能就會降低。換言之，即使產品的價格比較高，觀眾可能也會下單。由此可見，先凸顯產品的優勢後報價的做法，對於直播主而言是十分有利的。

還有一種更靈活的支付方式。例如，直播產品賣一萬元以上，直播主可以在直播時只要求支付訂金保留名額即可。

採用更靈活的支付方式後，觀眾在直播間下單的機率會大大增加。為了打消觀眾的疑慮，直播主還可以做出承擔風險的承諾：如果不想買，觀眾不僅可以退款，還可以保留贈送的禮品。這樣會讓直播間的下單率更高。

5.4 分享故事：用故事吸引更多觀眾

直播間是直播主銷售商品的平台，但如果生硬推薦產品通常不會有很好的效果。直播主要想讓觀眾買單，拉近自己與觀眾的距離，就應該用故事讓直播變得生動、有趣，充分激發觀眾觀看直播的興趣，吸引更多觀眾觀看直播。

很多直播主在直播時更注重對產品本身的推薦，全程都在介紹產品的功能、使用體驗等，與觀眾互動也只是圍繞產品進行一些問答。這樣的做法雖然可以讓觀眾瞭解產品，但不一定能夠讓觀眾完全信任直播主的推薦。

懂得講故事的直播主不會單純介紹產品，而是會在直播過程中適當插入一些故事。他們可以透過講故事，把觀眾帶入產品的實際使用情境中。例如，某直播主在推銷一款母嬰產品時就從自己的孩子入手，與觀眾分享親子之間的故事，並講述在養育孩子的過程中所遇到的問題。該直播主將產品與故事融合在一起，說明產品是如何解決自己在養育孩子過程中所遇到的問題。這樣有孩子的觀眾自然會和該直播主產生共鳴，該直播主既能銷售更多產品，又拉近自己和觀眾之間的距離。

除了講述與產品相關的故事外，直播主也可以在直播時講自己感興趣的故事。視頻號直播主意公子就很會講故事，她身穿一襲綠衫，留著乾淨利落的短髮，端坐著跟粉絲們講《莊子》、竹林七賢、蘇東坡、〈洛神賦〉等故事。

直播主在直播過程中講故事能夠與觀眾建立情感，使自己的形象在觀眾眼中更立體。觀眾對直播主產生親近感，自然就會認可並信任直播主。

故事的使用情境應用還可以是講述產品使用結果。例如，某學員學了大偉財商教練的記帳法，每天只是多花五分鐘記帳，一年下來銀行存款多了五萬元。如果你不是很會理財的人，就可以從記帳開始學習理財。

我們可以在故事中弱化產品廣告，轉而強調使用產品後的變化。例如，我有一個產品名為「講師計畫」，是一個教學員如何做直播演講的課程。

我是這樣介紹「講師計畫」這個產品的：「原來有很多學員不知道如何演講，也不知道如何開直播。而且，自己做的短影片裡沒有自我介紹，內容也不清楚，完全是一個小白。這些學員即使勉強開了直播，在線人數也很低，導致自己越播越灰心，更不要說變現了。

「後來，我用『講師計畫』這個方案，幫助他們優化自己的簡歷、形象照及短影片內容。我還教他們如何在直播時留下粉絲，如何轉化粉絲，如何進一步提升自己的演講能力，讓直播的表現更精彩。

「這些參與到最後的學員，他們的直播能力有了突飛猛進的提升。他們能夠在直播間很輕鬆地把產品掛起來，有的人第一次直播就可以把產品賣出去。」

雖然這個故事講的是學員的事，但推廣的卻是「講師計畫」這個產品。我並沒有介紹「講師計畫」有什麼功能，能為觀眾帶來什麼，我只是分享過往學員的痛點以及他使用產品後的變化。直播主以「問題＋困境＋改變」的模式講故事，可以將觀眾帶入自己建立的情境中，讓他們和故事中的人物感同身受，從而對產品產生興趣。

還有一些人想要成為直播主，但是由於缺少實作經驗，自身生產內容的能力也比較薄弱，沒有辦法像其他直播主一樣暢談各種典故、金句等，那麼這些人可以考慮先從做 KOC 入手。

實際上並不一定只有能夠生產內容的人才能做直播主，KOC作為產品的體驗者，他可以將自己的使用體驗分享出來，成為產品的推薦者。這是成為直播主的另一種方法。例如，讀過哪些書、學習過哪些課程、使用過哪些護膚品，這些都可以成為KOC直播內容的來源。對於剛加入直播產業的人來說，透過這個模式成為直播主的選擇性也更多，可以從不斷實作中更明確自己熱愛的直播領域。

5.5 親自實驗：向觀眾介紹使用感受

相比在淘寶、京東等電商平台上購物，越來越多的觀眾似乎更願意透過觀看直播來購物，因為這種新型購物方式能夠帶給觀眾更佳的購物體驗。觀眾可以透過直播主對產品進行現場實驗看到產品的實際效果，從而更放心地購買產品。

為了提升向觀眾傳遞產品的實際效果，直播主需要儘可能詳細地將自己的使用感受表達清楚，讓觀眾充分瞭解產品。直播主可以從以下幾個方面入手：

(1) 抓住觀眾的需求

直播主應該抓住觀眾的需求，並將這個需求與自己的使用感受結合在一起，提前說出自己的感受和體驗。例如，觀眾的需求是購買一款容量大、不當機的手機，那麼直播主就可以在使用自己推薦的手機後跟觀眾說：「透過我的親自實驗，這款手機真的不錯，流暢程度與iPhone沒有很大差別，而且內存容量足夠大，可以儲存很多文件、照片等。」

但是，直播主也要注意，自己的使用感受一定要是真實的，不能弄虛作假。試想如果直播主平常在直播間使用的手機是iPhone，卻在推廣這款手機時說自己一直在用這個品牌的手機，顯然會引起觀眾的反感。所以，直播主在分享產品使用體驗之前，一定要親自使用一段時間，讓觀眾能夠感受到你的真誠。只有你是為觀眾著想的，觀眾才會樂意買單。

(2) 生動地展示效果

直播主要生動展示產品的使用效果，以便讓觀眾對產品有更直觀的感受。二〇二一年以前，雲舒在線下開設一個餐桌美學課程，憑藉精湛的美學功底獲得學員的一致好評。隨著直播越來越受歡迎，各式各樣的直播平台紛紛湧現，雲舒迅速在二〇二一年底開始經營自己的視頻號「雲舒生活美學」，將線下的美學課程轉移到線上，開始多樣化的線上美學課程。

雲舒在視頻號直播間呈現自己插花的全過程，傳授觀眾很多實用的插花技巧，並從多角度呈現各種插花和軟裝搭配的實際效果。精彩的直播吸引眾多觀眾觀看，在直播過程中不斷有觀眾購買雲舒的美學課程，她培養出一大批學員。

在線上教別人插花的直播主有很多，特別是在近兩年，居家辦公的人數增多，在家裡營造美的需求也日漸增多。那麼，為什麼雲舒可以在這麼多的插花直播主中脫穎而出呢？原因在於雲舒把觀眾當成自己的朋友，而不是顧客。

每次進入雲舒的直播間，雲舒都會用輕柔、溫暖的聲音向觀眾打招呼。除了向觀眾展示插花的手法以外，雲舒還時常在直播中穿插一些愛犬、盆栽、窗戶的鏡頭，為觀眾營造一種輕鬆、愉快的氛圍，同時也向觀眾展現自己日常的生活狀態，迅速拉近與觀眾的距離。

朋友的推薦比導購的推薦要有效得多。所以，即使雲舒不推銷自己的美學課程，也會有觀眾主動下單。

(3) 創意必不可少

大多數直播主直播的最終目的都是變現，而每種產品都會有競品，如何才能讓觀眾選擇自己的商品，成為很多直播主亟待解決的問題。如果直播主能夠將使用感受表達得足夠有創意，就能夠讓自己的產品在千萬種同類產品中脫穎而出。

因此，直播主在描述使用感受時可以加入自己的創意。有時一個出人意料的好主意就能夠成就一個產品，這就是創意的魅力。當然，這也是演講和表達的魅力，讓觀眾感受產品的美好使用體驗。

總之，直播主要介紹產品的使用感受，並輔以生動的效果呈現和極具創意的表達。這樣才更能激發觀眾的熱情，帶動直播間的氣氛，從而促進產品銷售。

5.6 適度承諾：觀眾為何懷疑直播主在唬弄

王安石曾經在《辭同修起居注狀·第四狀》中寫道：「忠者不飾行以僥榮，信者不食言以從利。」這句話的大致意思是忠誠的人不透過修飾自己的行為來僥倖獲得榮耀，有信用的人不會說話不算數來追逐利益。

戴爾公司創始人麥克·戴爾（Michael Dell）也說過一句關於承諾的話：「不要過度承諾，但要超值交付。」這句話的潛在含義是每個人都需要為自己做出的承諾負責，否則將徹底失去他人的信任。

同理，對於直播主而言，遵守承諾是非常重要的一項品格，畢竟任何生意都要以誠信為本。遵守承諾的前提是適度承諾，如果直播主可以做到適度承諾，那麼他在觀眾心中的地位就會大大提升。怎樣才能做到適度承諾呢？直播主不妨從以下三個方面入手：

(1) 承諾要準確

直播主通常有特定的粉絲群，這就要求直播主給出的承諾一定要符合他們的需求。例如，觀看某知識型直播主直播的觀眾主要是一些考研究所的大學生，那麼該直播主就可以承諾為他們提供考試複習資料，或者邀請名師為他們分享學習經驗等。

(2) 承諾要量力而行

有些直播主喜歡隨便承諾，向觀眾承諾品質絕對有保障，但實際上銷售的產品存在很嚴重的品質問題。對於直播主而言，重要的不是向觀眾承諾多少，而是承諾能兌現多少。

(3) 承諾要即時兌現

有些直播主在直播時會承諾為觀眾送禮物，並表示禮物會在直播結束後發送。禮物通常有兩種：虛擬禮物、實體禮物。虛擬禮物有優惠券、紅包等，這類禮物不用出貨，兌現起來比較容易；實體禮物是需要出貨的，直播主必須記得把承諾的這類禮物寄送給觀眾，否則會影響自己的在觀眾心中的信譽。

還有些直播主會承諾虧本向觀眾贈送一些福利款產品，這類承諾也是必須兌現的。例如，某直播主在直播時承諾贈送本次直播課程的思維導圖，只要是關注直播主並私訊「666」的觀眾都能參與活動。於是，很多觀眾立即關注該直播主並傳私訊。在直播結束後，該直播主給關注自己並發送私訊的觀眾兌現承諾。

在我的視頻號中，觀眾只需要發送「1314」就可以獲得演講金句一百句，提升演講能力，獲得更多演講素材。

在直播時，直播主可能說了十分的話，卻只做到七分的行動，這就屬於承諾過度，自然會讓觀眾產生不滿情緒。有些觀眾甚至會認為直播主是在唬弄自己。如果直播主能在遵守規則的基礎上做到適度承諾，那麼他在觀眾心中的誠信度就會很高。久而久之，他能獲得更多忠實觀眾，他的直播間也會越來越熱絡。

5.7 售後管理：觀眾為何遲遲不肯下單

如果直播主希望吸引更多觀眾觀看直播並購物，就一定要認真對待購買產品的觀眾，盡心盡力地為其做好售後服務。完善的售後服務能夠使直播主發展得更長遠。

有些觀眾可能想購買產品，但因為不瞭解產品的售後服務，所以會暫時保持觀望狀態。如果直播主在展示完產品後可以詳細說明產品的售後服務，那麼這些觀眾也許就不會有顧慮，甚至可能會立刻下單購買。

例如，一位直播主在直播間銷售一款手機，該手機的性能不錯，價格也十分划算，而且下單還有禮品相贈。但即使如此，下單的觀眾也不多。就在直播主感到非常疑惑之際，她看到很多觀眾在詢問手機的售後問題。於是，她連忙解釋說：「除了以上福利之外，這款手機的售後服務也十分完整。凡是現在下單的朋友，都可以享受一個月內無條件包換的服務。而且，如果手機在使用過程中出現任何問題，大家隨時可以申請免費修理。」

經過直播主的一番補充，很多對售後服務不瞭解的觀眾紛紛下單購買。最終，這款手機在直播期間獲得不錯的銷量。

保證產品的售後服務能夠打消觀眾的後顧之憂，使他們放心下單購買。同時，直播主向觀眾承諾的售後服務不能只是空話，而是必須落實。此外，誠心誠意地為觀眾做好售後服務，對提高產品的銷量也有十分重要的影響。

直播主可以從以下幾個方面做好售後服務：

(1) 主動售後

當產品賣出後，直播主應該對產品的物流情況進行實時追蹤。有時直播主同時發送出很多產品，物流追蹤會產生一定的滯後性。在這種情況下，直播主可以根據送貨日期和距離，計算觀眾收到產品的大致時間。

從直播主送貨到觀眾收貨通常需要三~五天的時間，直播主可以在出貨的五天後查看觀眾是否已經收貨。如果觀眾沒有收到貨，直播主就可以主動提醒觀眾，或者詢問物流公司是不是物流出現問題。大部分情況下，主動售後可以獲得觀眾的好感。

(2) 即時售後

直播主在觀眾提出售後問題時，應該立刻解決。一般來說，售後問題可以分為兩類：一類是在快遞運輸過程中，產品有所損壞；另一類是產品本身出現品質問題。

快遞運輸不當造成產品損壞是直播主經常會遇到的售後問題。雖然產品損壞是快遞運輸造成的，但直播主也不要和觀眾過多糾結於誰對誰錯的問題。直播主要知道，觀眾並不關心產品損壞是快遞的問題還是直播主的問題，觀眾只想收到完好的產品。所以，直播主在遇到這樣的問題時，一定要立刻對觀眾進行賠償或補送產品給觀眾，然後和快遞公司協調產品損壞的責任問題。

如果產品本身出現品質問題，那麼直播主應該真誠向觀眾表達歉意，並立刻為觀眾退換產品。

(3) 長期售後

直播主可以記錄忠實觀眾的姓名、聯絡方式等，並持續維護自己和忠實觀眾的關係；可以定期與忠實觀眾溝通，詢問他們對產品的意見和建議，重視他們的回饋資訊。做好長期售後，不僅可以進一步提升忠實觀眾的忠誠度，也可以提高其他觀眾的黏著度，同時還會有更多觀眾願意為直播主及其直播間做宣傳。

直播主應該時刻記住，真正的銷售是從售服務開始的，只有做好售後服務，觀眾才能更放心地在直播主的直播間下單。

我有一位學員——卿姐滷鵝實戰教練，她的直播間主要賣廣東滷鵝。食品銷售是一門長期生意，並不是一次買賣。所以，為了提供客戶更好的服務，她建立社群，為社群粉絲對接當季產品，如廣式湯料、端午粽子、中秋月餅等。透過這一系列的售後服務，她賣出去更多品類的產品。因此，長期服務客戶的需求，對於粉絲的持續轉化具有重要意義。

6

吸睛文案 流程化布局，格式化模組

每一場直播的重點通常是不同的，這就導致直播主將大部分時間都花在文案設計工作上。有些直播主在設計文案時經常會苦惱文字不夠精煉，或者語言不夠有吸引力。針對這些問題，本章總結六種文案類型，幫助直播主透過流程化布局和格式化模組提高工作效率，使直播主能更輕鬆應對每一場直播。

6.1 特定型：根據特定對象設計文案

直播主要在熟悉產品的基礎上對產品進行分類和總結，然後根據觀眾對產品的喜愛程度選定產品的特定對象，以特定對象為核心進行文案設計。

當一個產品有多個賣點時，你會希望把所有賣點都表現在文案中，也想將產品的優勢全部展示給觀眾。這樣反而達不到預期的效果。這時，你需要綜合分析和思考產品的哪個賣點是觀眾最有興趣的，以及哪個優勢是產品最大的特色。

想清楚這些問題後，你就可以設計文案了。你需要「忍痛割愛」，刪除那些不重要的資訊，在文案中重點凸顯觀眾最感興趣的關鍵資訊。例如，你的觀眾定位是寶媽，那麼你就可以使用特定型文案，把主題定為「揭祕寶媽3個月成為職場CEO的祕笈」，然後圍繞這個主題進行延伸。

但是，只在直播間發送文案還遠遠不夠。一方面是因為直播間的文案字數有限，另一方面是觀眾會更想選擇聽直播，而非看文案。所以，直播主也要充分善用自己周圍一切能夠發送文案的平台，如朋友圈或社群。

我在朋友圈不會只發針對產品的文案。有時候，我也會發一些分享自己的生活狀態和展現自己的人生觀、價值觀的文案內容。我朋友圈中的文案能夠讓別人明確知道我是誰、我是做什麼的，所以在日後我發送一些針對特定產品的文案時，或者他們有需求時，他們就會第一時間想到我，想到我的直播間。

不管是我的課程年卡，還是「講師計畫」及色彩療癒課程，我都會在朋友圈發送相關的文案。每次發送文案，就有人主動找我購買產品。就是因為我發送的文案具有特定對象的針對性，讓那些潛在的受眾看了就感覺到：「這就是為我寫的，感覺這份產品太適合我了，我最近剛好有需要！」

特定型文案可以讓直播更有針對性，因為直播主已經提前選出特定對象，會讓特定對象覺得產品是為他們量身打造的，從而滿足他們的精神需求，便於他們更能自我定位。總之，文案要與眾不同、明確定位，才能吸引更多觀眾進入直播間看直播，從而獲得更多購買訂單。

6.2 數字型：用數字打造超強吸引力

直播主在設計文案時要善於利用數字，因為數字會讓文案更有說服力。與文字相比，數字有著更豐富和更深刻的表達效果，因為它不僅是一種符號，還是一種語言。觀眾在潛意識裡會認為數字更有邏輯性，包含數字的文案也更有說服力和權威性。

例如，某書店在直播間運用文案：「6＋6真的可以等於16嗎？」這個不可能成立的等式立刻吸引觀眾。隨後，直播主用充滿文藝氣息的語言列舉很多本來就不成立的等式，如「55件張愛玲式的旗袍加上30條夢幻項鍊，等於10場上海服裝秀」，最終引出直播間的優惠活動。

原來這個文案是在為優惠活動做鋪陳，即如果觀眾邀請自己的一位朋友進入直播間並分別購買6本書，那麼收貨後兩人可以再免費獲贈4本書。每人購買6本書，再加上4本免費的書，從這個角度看「6＋6＝16」似乎真的可以成立。

直播主應該如何設計數字型文案呢？解決這個問題的關鍵有兩點。

(1) 盡量使用阿拉伯數字

能用阿拉伯數字表達的內容，盡量不要用中文數字，因為觀眾對阿拉伯數字的反應時間明顯短於中文數字。例如，「三個祕訣，讓你瘦百分之二十」和「3個祕訣，讓你瘦20%」，哪個文案更直觀？很明顯，阿拉伯數字的效果更好。在這個資訊大爆炸的時代，減少觀眾的思考時間很有必要。因此，直播主最好用更直觀的阿拉伯數字，來吸引觀眾的注意。

(2) 圖片和數字相結合

大多數文案只能向觀眾表達與產品相關的重點資訊，卻不能讓觀眾體驗到身臨其境的感覺。這時，直播主就可以用圖片來輔助提升直播效果。例如，某直播主在送禮品給觀眾時，就以數字和圖片相結合的方式更直觀地展示禮品，如圖 6-1 所示。

圖 6-1　數字和圖片結合展示禮品

在設計數字型文案時，用阿拉伯數字代替中文數字，再與圖片相結合，這不失為一種比較高超的文案設計技巧。

6.3 問題型：透過製造懸念贏得關注

問題型文案可以製造懸念，吸引觀眾的關注。在設計問題型文案時，直播主需要以疑問、反問等方式直接提出問題，激發觀眾的好奇心。直播主要想做到這一點，需要注意以下兩個細節：

(1) 提出的問題要有意義

很多直播主可能會為了引起注意，而提出一些沒有實際意義的問題。如果文案中的問題沒有符合觀眾的需求和痛點，那麼觀眾想要更深入瞭解產品的意願就會比較低。

(2) 提出的問題要有誘惑力

在設計問題型文案時，直播主要使用一些技巧對文案進行包裝，使文案達到更大範圍的傳播。例如，某直播間的文案：「你知道為什麼你的被子看起來很乾淨，但蓋上會有一種不舒服的感覺嗎？」在看到這樣的文案後，觀眾會不自覺地想知道直播主是如何解決這個問題的，希望可以透過觀看直播主的直播找到問題的答案。

「我們直播間有這樣一件產品，它炫酷的外觀讓購買它的人可以有二〇〇%的回購率。大家想知道這件產品是什麼嗎？接下來的直播會為大家揭曉答案。」這是一個正在銷售滑板車的直播間所設計的開場白。這個開場白以提問的方式吸引觀眾觀看接下來的直播，可以讓觀眾對產品有更強烈的好奇心。

我在做魅力演講的直播時曾經問過觀眾：「你知道怎樣設計一場直播，透過十二小時的演講達成六百多萬元的課程預售目標嗎？」大部分觀眾都會回答不知道，或者認為這件事情很難做到。但是，我只需要告訴觀眾接下來的直播內容將為大家揭曉答案，我如何透過十二小時的直播演講達成六百多萬元的課程預售目標，觀眾的好奇心就會被高高提起，選擇觀看接下來的直播。

在文案中加入問題可以更引人注意、惹人好奇，讓觀眾有一探究竟的慾望。有些觀眾還會將直播間連結分享給朋友，與朋友一起觀看直播。這在無形之中就為直播間帶來更多的流量，有助於提高後續的訂單成交率和私域流量轉化率。

6.4 限時型：讓觀眾親自體驗緊迫感

限時型文案主要是圍繞活動的時間，以較大的優惠、較低的價格吸引觀眾，帶給觀眾比較強烈的心理衝擊。觀眾在直播間購買商品時，經常會看到直播主舉著限時優惠的牌子，而且優惠的幅度還很大。

例如，一個銷售思維課程的直播間打出的廣告是「凡是在二小時內報名的觀眾，都可以免費獲得思維導圖電子資料。」限時能為觀眾帶來一種緊迫感和競爭感，讓他們沒有那麼多時間去思考，然後就被文案和優惠活動吸引，進而選擇下單。

在舉辦優惠活動時，除了限時以外，獎品的選擇也非常重要。直播主要站在觀眾的角度思考，選擇實用的、對觀眾有較大吸引力的獎品，這樣才能吸引更多觀眾。例如，某直播主在直播時將優惠券作為限時獎品，如圖 6-2 所示。

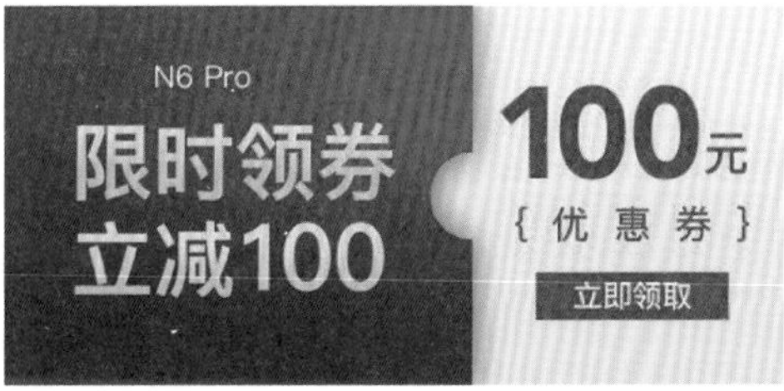

圖 6-2　直播主限時送優惠券

直播主可以把優惠活動的關鍵資訊，包括截止時間、獎品等提前做成宣傳板，當優惠活動開始時就將其舉起來展示給觀眾，這樣還可以起到引流的作用。

例如，直播主可以在直播間向觀眾說：「想要參與優惠活動的觀眾請按『1』，大家可以免費領取價值一九九元的贈品。大家可以關注直播間，之後在主頁私訊我的助理，直播結束後就會把贈品傳給大家。」

在直播結束後，直播主一定要遵循活動規則做到誠實守信，不弄虛作假，把中獎觀眾的獎品落實到位。畢竟誠信是做生意的基本原則，如果直播主為了貪圖這點小便宜而弄虛作假或反悔不出貨給觀眾，必然會失去觀眾的信任與支持。

當把獎品送到觀眾手中後，直播主還可以和他們聯絡，讓他們發表對獎品的意見，以及他們得到獎品時的心情。這樣不僅能拉近直播主與觀眾之間的距離，還能讓其他沒有得到獎品的觀眾覺得直播主是非常真實、可靠的，讓他們覺得也許下一個獲獎的就是自己，從而提高他們對直播的期待和對直播主的忠實度。

6.5 明星效應型：明星同款等你擁有

明星效應型文案的主要對象是一些當紅的明星。例如，銷售化妝品的直播間可以設計「當紅明星都在用的粉底」、「明星在參加活動時會隨身攜帶的口紅」等文案。這樣可以讓產品更有吸引力，充分運用明星效應為直播間引流。

觀眾經濟是明星效應最直接的展現，正因為數量龐大的觀眾才形成明星同款熱銷的局面。

直播主可以基於明星效應設計文案，吸引更多觀眾購買產品。例如，近年來主流意識電影十分受觀眾青睞，其憑藉宣傳真善美、弘揚正能量等特點吸引大批影迷，電影中的明星同款也迅速走紅。直播主可以將這些明星同款放到自己的直播間銷售，並以此為基礎設計文案，從而進一步搶佔直播市場。

觀眾購買明星同款不外乎出於以下幾種心理：對明星的喜歡、認可，透過使用明星同款與明星建立連結，以及滿足自己的精神需求等。為了迎合這類心理，也為了給商品銷售帶來更多可能，直播主可以充分利用明星效應，在明星與產品之間建立某種連結，使觀眾對明星的感情轉移到產品上。這實際上就是心理學中的投射現象，即觀眾將對明星的喜愛轉移到產品上。這也是很多明星的周邊商品銷量非常好的原因。

除了銷售明星同款以外，直播主也可以選擇與明星連線，利用明星的粉絲號召力吸引大批流量湧入直播間。例如，直播主在直播預告中設計了文案：「今晚八點，直播主將與××明星連線，請大家多多關注，按時進入直播間。」那麼觀看直播的觀眾將會大幅增加。如果之前每來十名陌生觀眾就有三名觀眾下單，那麼按照同等比例換算，每來百位陌生觀眾就會有三十名觀眾下單。這不僅能夠提高直播間當時的成交量，還為後續的私域流量引流做鋪陳。

直播主要提前約好連線明星，最好選擇有趣、粉絲多、有直播經驗的明星。這樣的明星可以更能為直播間引流，也能夠輸出更多實用內容，為直播效果加分。此外，在直播時談論什麼話題、銷售哪些產品等問題，也要提前和明星溝通好。

直播主還要注意在選擇明星合作時，最好選擇與直播間氣氛契合或與產品特性相符的明星。例如，銷售高端客製西裝的直播主與搞笑諧星連線，效果就不會很好。因為西裝的材質硬挺，整體感覺也較嚴肅，而搞笑諧星自帶搞笑氣氛，很難讓觀眾想像出嚴肅西裝的穿搭情境。但如果直播主選擇身材高大、長相端正、具有成熟氣質的明星來連線，直播間的氣氛就會顯著不同。

當然，對於直播主來說，銷售明星同款、邀請明星連線通常都只能取得一時的效果。直播主一定要做好心理準備，提前制定完整的直播計畫，避免等到明星的熱度退去後，直播間熱度急劇下降，從而對產品銷售產生影響。

6.6 痛點錨定型：激發觀眾的情緒變化

從本質來講，痛點錨定型文案就是將事實擺在觀眾面前，引起觀眾的情緒變化，達到讓觀眾緊張的效果。例如，銷售減肥課程的直播主可以先講述肥胖對身體的危害，如圖 6-3 所示。

如果觀眾對此無動於衷，直播主還需要用可能出現的實際問題

肥胖的危害
01
肥胖症是 II 型糖尿病全球流行的主要因素
02
肥胖症患者會出現典型血脂異常

圖 6-3　肥胖對身體的危害

來警醒觀眾。而且，直播主對這種問題的描述一定要儘可能情境化，讓觀眾透過想像就能夠明白減肥課程的重要性。在銷售減肥課程時，直播主可以向觀眾說明肥胖為觀眾身體健康帶來的影響，如高血糖、高血脂等。這些實際的問題可以激發觀眾追求健康的心理，從而購買減肥課程。

這裡我推薦用五感法講故事。所謂用五感法講故事，即透過描述視覺、聽覺、嗅覺、味覺和觸覺五種人體的感官體驗來讓觀眾感同身受，進而明確「我確實是有這個需求的」。

例如，在上面的直播主銷售減肥課程的案例中，如果直播主只是一味地描述肥胖對身體不好、會引起高血糖等疾病，這並不會引起觀眾切身的感受，因為許多人沒有這些疾病的困擾。此時，直播主就可以採取五感講故事法來描述這一情境：

(1) 視覺

過於肥胖會引起高血糖、高血脂等疾病，患病者的視覺會退化，眼睛渾濁，視物不清，影響日常生活。而且，在外人看來，患病者會十分蒼老，面部焦黃，手部還容易長黃色斑塊。

(2) 聽覺

過於肥胖會引起高血糖、高血脂等疾病，患病者的聽力會有一定的衰退，有時連起床的鬧鐘、汽車的喇叭聲都聽不見，會引起很多麻煩。

(3) 嗅覺

過於肥胖會引起高血糖、高血脂等疾病，而且患病者的鼻息會變得很重，汗腺分泌汗液增多也容易產生難聞的氣味，對社交有很大的影響。

(4) 味覺

過於肥胖會引起高血糖、高血脂等疾病，患病者還需要忌口，幾乎與美食絕緣。

(5) 觸覺

過於肥胖會引起高血糖、高血脂等疾病，患病者身體虛弱，渾身無力，對疼痛異常敏感，有時對他人的輕輕碰觸也會感到一陣劇痛。這會對自己的生活造成很大的影響。

直播主完全可以從這五種感官感受來描述過於肥胖會造成哪些不利影響。觀眾也許不能體會患病的感受，但他們知道視物不清、渾身無力、氣味難聞等感受，就能夠切身體會到那種患病的不適感。此時，避免產生這種不適感就成了觀眾的明確需求，觀眾自然會想要購買相關的減肥課程。

但是，觀眾看直播大部分原因在於想要放鬆精神，所以直播主在錨定觀眾的痛點需求時要注意尺度和分寸，將情境描述保持在合理的範圍內。試想，如果銷售減肥課程的直播主，在直播間大肆宣揚肥胖導致身材走樣、穿衣難看、被人嘲笑，勢必會引起很多觀眾的反感。因為他們會想到令人不愉快的情境，而為了快速逃離這種情境，往往會選擇最簡單的方式——退出直播間。所以，儘管直播主要精準擊中觀眾的痛點需求，但也要注意用詞，最好不要使用一些很容易令人不快或帶有冒犯性質的詞語。

當然，對於直播主來說，設計合適的文案不是最終目的，直播主還應該為完整、流暢地輸出文案做準備。忘詞、說話不順是很多直播主在直播時都會遇到的情況，所以事先準備一個羅列文案關鍵詞的提詞板是很有必要的。

有了提詞板，即使直播主因為面對鏡頭太緊張而臨時忘記文案的內容，也可以在直播過程中隨時看提詞板。直播主可以把提詞板貼在自己對面的牆上，或者貼在自己的直播架前面。而且，提詞板或草稿上的字要稍微寫大一點，這樣直播主才能以最快速度看清楚提示的字，不會影響直播的流暢度。

7

情境化展示

有圖有真相，現場展示

在直播過程中，直播主需要搭建直播間的情境，建立一個完整的情境。情境化的內容和產品展示可以更真實呈現內容與產品價值，喚醒觀眾的購買慾望。

7.1 情境搭建：內容與直播間高度匹配

直播平台中有許多場觀在十萬人次以上的直播間。這些直播間之所以有這麼高的單場觀看量，是因為它們搭建出超級情境，能夠激起觀眾內心深處的情感。

例如，一個削柿子皮的視頻號直播間有著「10萬＋」的場觀，就是因為這個直播間能夠以樸實的內容、懷舊的故事激發觀眾的鄉土情懷，勾起觀眾對故鄉的懷念；一個玩老式俄羅斯方塊遊戲的直播間有著「10萬＋」的場觀，就是因為這個直播間，能夠以童年遊戲情境勾起觀眾的童年記憶。

對於直播主而言，搭建直播的超級情境更有利於展示內容，吸引更多觀眾。怎樣才能搭建超級情境呢？關鍵在於直播主的直播主題、直播分類、在直播間分享的話題等要和整個直播間的情境高度匹配。也就是說，從觀眾在直播廣場看見直播間，到進入直播間聽直播主分享、與直播主互動，觀眾在直播間感受到的內容和開始的期望是高度一致的。這樣的情境就是超級情境。

例如，某視頻號直播主在一個茶室裡直播，其定位是知識直播主，輸出的內容是行銷實用內容，選擇的直播分類是教育培訓。該情境吸引到的流量十分微薄。此後，該直播主將直播分類調整為日常生活類，細分類別選擇了日常聊天，流量隨之提升。其背後的原因就在於情境的匹配性。

平台會分析直播主在直播間做什麼事情、講什麼內容，並判斷這些資訊與直播主的直播設定是否一致。該直播主之前選擇教育培訓分類，但直播間情境卻是喝茶聊天。這會被系統認定為內容和情境不匹配，難以獲得平台的更多推流。類別調整之後，茶室情境和直播分類設置是一致的，更容易獲得平台推流。

此外，在搭建超級情境的過程中，直播主還需要明確一個前提，即聚焦細分領域打造超級情境。二〇二二年，視頻號官宣要將重點放在泛知識、泛生活、泛資訊方向的影片，以及體育、音樂、劇情、才藝類影片，同時提出原創、真人創作者的生態理念。這些都是直播主可以聚焦的方向。

7.2 產品情境化：描繪產品的使用情境

任何產品都有自己的使用情境。產品情境化就是給產品定位，在介紹產品時描繪出產品的使用情境。以五糧液集團的黃金酒為例，由於其定位是送給長輩的保健酒，所以每當年輕人想要送酒給長輩時往往首選黃金酒。「送長輩酒類禮品就送黃金酒」就是將黃金酒定位成送給長輩的禮品，成功實現產品的情境化。

情境化行銷在直播中同樣適用。面對越來越激烈的市場競爭，直播主需要考慮如何保持觀眾對產品的記憶，引導觀眾對產品產生情境化識別，從而保持觀眾對直播間的忠誠度，實現持續化經營。

情境化展示產品的步驟

情境化展示產品的步驟，如圖 7-1 所示。

(1) 確定產品的使用情境

確定產品的使用情境，是指確定產品可支持的使用情境。直播主要根據產品的功能、形狀、口味及延伸功能等因素對產品及產品的使用客群進行定位，同時明確觀眾對產品的需求，找到觀眾使用產品的多個情境。

以汽車為例，汽車的基本使用情境就是戶外。因此，直播主在描繪汽車的使用情境時，要依據真實生活中的情境進行描繪。例如，一些空間大的中型汽車十分適合家庭出遊，而一些外觀豪華的商務車適用於各種商務情境。總而言之，直播主需要瞭解所售產品的性質和作用，然後儘可能多尋找產品的使用情境，從而確定展示產品的角度，讓產品更貼

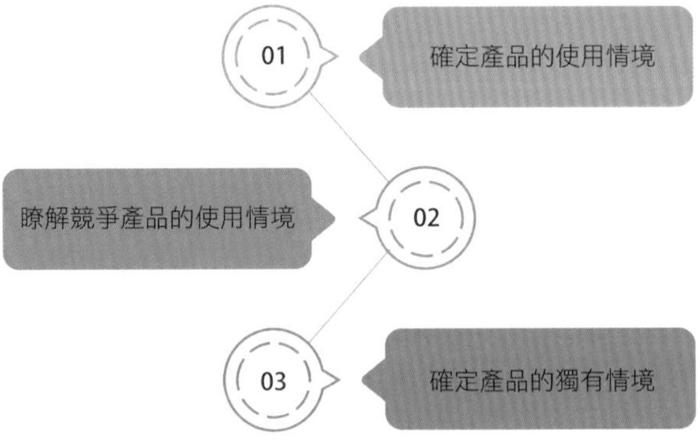
01
確定產品的使用情境
02
瞭解競爭產品的使用情境
03
確定產品的獨有情境

圖 7-1　情境化展示產品的步驟

近觀眾的日常生活。

確定產品的使用情境後，直播主也要善於進行情境描繪，以吸引消費者下單。例如，某直播主就十分擅長描繪情境，充分挑起觀眾的想像力，促使其快速下單。

在言語中，直播主可以多用感嘆詞引導觀眾的情緒和狀態，讓觀眾的情緒跟著自己走。

在情境描述中，直播主可以多用「五感」描述法。例如，我的耳朵聽到了嗡嗡的聲音；我嘗到又酸又澀的味道，反覆吐出來幾次，始終覺得還是被這種酸澀卡住了；我摸到這個材質是從未有過的柔軟，像羽毛，像絲綢，滑過我的皮膚，滑過的速度，用手是留不住的；我在院子裡聞到滷鵝的味道，三步併作兩步，一路小跑到廚房，想看看出鍋了沒有，我的口水嚥得下，我的鼻子無處安放……。

從聽覺、味覺、觸覺、嗅覺和視覺去描述一件事情的感受，讓觀眾和你一起感受，從而實現情感快速融入。

在介紹一款童裝時，該直播主首先對這款童裝的材質進行介紹：「大家是否經常為清洗孩子的衣服而苦惱呢？六七歲的小孩子正是活潑愛動的年紀，衣服經常髒、經常換都是不可避免的。出去打個球，跑一圈，帶回來許多汗漬，看了只想把衣服直接丟進垃圾桶。但是，這款衣服能夠免去您的煩惱。它使用的是聚酯纖維材質，十分容易清洗。穿上這件衣服，孩子能夠放心大膽地玩耍。同時，您也不必再為衣服髒了難清洗而發愁，不管多髒，只需輕輕揉一揉，就跟店裡剛買回來的一樣乾淨。」

緊接著，該直播主又詳細介紹這款童裝的設計亮點：「這款童裝做工精細，柔和的顏色、時尚的拼接都為其增色不少。衣領處還設計了荷葉邊，十分漂亮。穿上這件衣服，您的孩子就是班級裡最漂亮的小朋友。」直播間的觀眾聽過介紹後紛紛下單，這款童裝很快就成為直播間的暢銷商品。

為什麼該直播主的介紹能夠吸引觀眾下單呢？原因就在於他在展示產品時加入聯想式的情境描述。透過直播主的描述，觀眾很容易就想起平時孩子髒衣服難清洗的畫面，也能夠在直播主的引導下，想像出自己的孩子穿上這件衣服時神氣的模樣。透過情境描繪並引發聯想，該直播主成功地提高產品的銷量。

在展示產品時，透過情境式描述引發觀眾的聯想，能夠使觀眾在此過程中加深對產品的瞭解，同時觀眾也會更加認同直播主的觀點。這對於觀眾購買產品具有促進作用。

(2) 瞭解競爭產品的使用情境

一般來說，直播主銷售的產品都會有競品，導致產品可選擇的對應消費情境減少。面對這種情況，直播主需要考慮如何選擇產品的主要消費情境。如果競爭對手的產品在某個情境內比較有優勢，那麼直播主就要選擇其他消費情境來發揮自身產品的優勢。

例如，某直播主銷售的產品是新能源汽車，其競爭產品是傳統的燃油汽車。在展示產品時，該直播主透過親自駕駛新能源汽車並介紹其諸多優勢，如使用成本更低，百公里耗電費用在十元以內；沒有換擋不順的情況，行駛更加穩定；不燃油、更環保等。透過直播展示駕駛情境，充分挑動視覺體驗感，觀眾能夠直接感受到該款新能源汽車的優勢。

(3) 確定產品的獨有情境

確定產品的獨有情境，或者選擇可以讓觀眾眼前一亮的產品情境。產品情境化會使觀眾對產品有更直接的感受，獨有的情境會在觀眾心裡留下深刻的印象。因此，直播主要選擇產品的獨特化情境，給觀眾留下深刻的印象。

例如，直播主在直播間銷售一款汽車，這款汽車可以在商務辦公、家庭出遊、上下班代步等多種情境使用。如果直播主將汽車的所有使用情境都描繪出來，即使該款汽車擁有強大的功能，也不會讓觀眾感受到其獨特性和凸顯優點，從而導致觀眾失去興趣。因此，直播主要選擇產品的獨有情境，凸顯產品的某個優點，從而吸引觀眾購買。

此外，直播主在展示產品時要注意不同的消費客群對應不同的使用情境，即明確產品的實際消費客群，並按照消費客群的消費習慣描述相應的使用情境。

文案大師大衛·奧格威（David Ogilvy）曾經為一個炊具品牌設計過文案，成功地把相同的產品賣給了不同的消費群。奧格威透過調查、分析後得出結論，家庭主婦對食物烘焙的興趣比烘烤大，所以他凸顯炊具的烘焙功能，設計炊具用於做點心、烘焙麵包和蛋糕時的情境。此外，他又根據女士喜歡乾淨的特點，設計一個女士身穿晚禮服使用炊具為家人準備晚餐的情境。

在面對男士消費客群時，奧格威瞭解到大多數男士對烹飪沒有興趣，只對燒烤情有獨鍾，就設計出一個燒烤的情境。在面對廚師客群時，奧格威設計另外的情境，凸顯這個品牌的炊具可以節省烹飪時間和保持廚房整潔的特點。

總之，在面對不同的觀眾群時，直播主要凸顯產品不同的特點，為產品設計不同的消費情境。

直播主發揮情境化思維時應注意的要點

直播主在展示產品時要擁有情境化思維。直播主應考慮以下三點：

(1) 凸顯產品的個性化體驗

觀眾體驗是直播主發揮情境化思維時首先要考慮的因素。在傳統電商的行銷過程中，由於需要滿足大多數人的需求，因此規模經濟佔主導地位，個性消費被壓制，人們購買產品的選擇空間較小，也就最關注產品的價格。

隨著行動網路與經濟環境的不斷發展，個性化消費成為主流趨勢，人們越來越重視消費體驗。因此，直播主要以觀眾體驗為核心，在展示產品時凸顯產品的個性化，從而吸引觀眾。

(2) 善用社群效應，建立忠實觀眾群

社群效應是指有相同特徵和需求的觀眾聚在一起形成的亞文化。透過運用社群效應，直播主可以將產品的情境化價值最大化，從而提升觀眾的黏著度，建立忠實的觀眾群。

直播主在進行產品宣傳時，不但要重視產品品質本身，也要賦予品牌意義，從而提高觀眾的參與感和分享動力，提升觀眾的消費體驗。

社群經營對於直播的意義重大，甚至觀眾在直播間下單後可以由經營人員到社群做下單接龍。從眾心理會讓直播間和社群下單源源不斷。

(3) 從情境記憶到情境識別，加深觀眾對產品的印象

將情境記憶發展為情境識別，是直播主實現產品情境化的有效方式。除了頻繁刺激觀眾的情境記憶，使觀眾對產品保持長期的興趣以外，直播主還需要提供更加綜合的服務，幫助觀眾主動識別和發現情境，加深觀眾對商品的印象。

總之，直播主具有情境化思維，不僅能夠使觀眾形成情境記憶，還能使觀眾將日常行為、潛在需求和產品進行密切連結，並採用數據挖掘、個性塑造和動態識別等方法達到情境識別，加深對產品的印象。

情境行銷會讓人有很強的代入感，讓觀眾忍不住想像自己也身處在這個情境裡，也會很需要這樣的產品。

7.3 產品特性化：凸顯產品本身的價值

除了用情境激發觀眾需求以外，直播主在展示產品的過程中也要聚焦產品本身，透過介紹產品凸顯產品的價值。直播主在展示產品時可以透過以下幾個方面介紹產品：

(1) 講述品牌故事

許多知名品牌都有生動的品牌故事。直播主可以聚焦某一產品，和觀眾分享該品牌創立及發展過程中有意義的事件，以品牌故事彰顯品牌文化、價值理念和產品訴求。品牌故事的分享能夠強化觀眾對品牌的認識。

如果是知識直播主，可以書寫自己的個人故事，作為品牌故事的背景，非常有戰略和行銷意義。

我有一位名叫盧不斷的學員原本是電影導演，後來轉型創業，定位就是做個人故事片導演，為創業者撰寫和拍攝個人故事影片，打造很多創業者的個人品牌。

書寫個人故事，建立個人品牌，為個人創業者提供非常大的信任背書。這對於創業來說有非常大的戰略意義，可以與客戶建立深厚的信任感，有助於事業的發展。

對於很多個人創業者，特別是知識直播主來說，個人品牌非常重要。這可以增加知識直播主的權威性，讓知識直播主輸出的內容更讓人信服。例如，某直播主的直播內容是做英語培訓，那麼他就可以講述在國外生活或參加英語競賽獲獎的故事，以此為自己的英語程度背書。

(2) 介紹產品成分

近幾年來，觀眾對產品成分的關注度越來越高。他們都很關心產品中是否包含對人體有害的成分，同時也願意為含有某種對人體有利成分的產品買單，如含有氨基酸的洗面乳、含有維他命B3的乳液等。因此，直播主在介紹產品時需要詳細講明產品中不含有害成分，並講明其中所含特殊成分的功效。

我有一位名叫Cici的學員，她在直播間銷售護膚品，每次都很認真地講產品的成分和功能，讓很多嚴謹的觀眾感到有可靠感在背書。

(3) 全方位展示產品

介紹完產品成分後，直播主需要全方位展示產品，包括產品外觀、使用技巧、使用效果等。

①產品外觀

直播主可以介紹產品的設計特點優勢。例如，在介紹一款洗髮精時，直播主可以介紹其按壓式設計、瓶身設計等，展現其便捷、美觀的優勢。

②使用技巧

直播主可以在直播中試用產品，展示產品的使用技巧。例如，直播主在介紹一款智慧烤箱時，可以詳細介紹其不同的功能及使用技巧。

③使用效果

對於粉底、面霜等化妝品，直播主可以示範其上妝效果，讓觀眾明確瞭解產品的使用效果。對於智慧掃地機器人、智慧音箱等家電，直播主也需要現場試用，展示其使用效果。

例如，我有一位住在多倫多的學員，她就在直播間直接操作自己銷售的美容 SPA 機如何使用。觀眾看了她如何對模特兒使用這款美容 SPA 機，效果很真實，一場直播就達到九十萬元的營業額。

在介紹商品時，直播主還可以將產品和其他同類產品進行對比，表明每款產品的優劣勢，幫助觀眾做出更好的選擇。例如，直播主在介紹吹風機時，可以從重量、靜音程度、使用效果等多方面將自己的吹風機與其他品牌的吹風機進行對比，凸顯不同產品的特點，便於觀眾選擇。

總之，直播主在展示產品時需要從觀眾的需求出發，詳細地為觀眾介紹產品外觀、成分、功效等多方面的特點。只有讓觀眾充分瞭解產品的特點及優勢，才能夠激發觀眾的購物熱情，從而提高產品的銷量。

需要注意的是，直播主只需要強調產品的不同，切記不要詆毀競品，把自己的優勢充分展現出來就好了。

7.4 產品配套化：形成系列搭配

產品配套化是指將產品做成套組，滿足特定觀眾的需求，從而提高產品的市場競爭力。例如，直播主可以將電腦和顯示器組合為配套化產品，從而形成「1＋1＞2」的效果，提高產品的市場競爭力。因此，直播主在展示產品時要將有關聯的產品組合起來，展現配套產品的作用及優勢，用以吸引觀眾。

產品配套化的理論基礎是配套效應，也被稱為「狄德羅效應」（Diderot Effect）。配套效應是指人們在擁有一件新的物品後會想要配置與其相適應的物品，以達到心理上的平衡。

在十八世紀的法國，有一位名叫丹尼斯．狄德羅（Denis Diderot）的哲學家。有一天，他的朋友送給他一件品質精良、做工考究的睡袍，他非常喜歡。當他穿著華貴的睡袍在書房裡走來走去時，他感到很滿足，但他仍然感到一絲不協調。經過觀察，他發現書房裡的家具破舊不堪，地毯的風格與睡袍不搭。於是，為了與睡袍配套，狄德羅將書房重新裝修一遍，使書房與睡袍的格調匹配。

裝修完房間後，狄德羅忽然覺得他做的事令自己感到不舒服，因為他居然被一件睡袍脅迫了。為了記錄這種感覺和現象，他就把這件事寫成一篇文章，名為〈與舊睡袍別離之後的煩惱〉。

美國哈佛大學一位名叫茱麗葉．修爾（Juliet B. Schor）的經濟學家在她的著作《消費過度的美國人》（*The Overspent American*）中提出一個新概念——狄德羅效應，指的就是人們在擁有一件新的物品後會不斷配置與其相適應的物品，以達到心理上平衡的現象。

根據配套效應，直播主在展示產品時可以運用人們的心理進行產品的組合搭配，從而吸引觀眾購買成套的產品。例如，觀眾在購買一條項鍊後，就可能會想購買與之配套的耳環或手鍊。因此，直播主在展示項鍊時，可以將其與同樣風格的耳環、手鍊等其他配飾進行搭配，共同推薦。這不僅向觀眾提供搭配建議，也能促使觀眾成套購買產品，從而增加直播間的銷量。

在知識付費領域，直播主也可以進行產品配套經營。例如，現在流行的讀書會模式就是把書和訓練營課程整合成一套產品出售給學員。這種「書＋訓練營課程」的模式可以幫助讀者和作者建立連結。以前寫書的作者不知道誰買了書，也無法和讀者交流。有了訓練營課程，就可以將書的受眾群串聯起來，建立私域流量池，從而與讀者有更頻繁的互動。這對於作者進一步銷售知識產品有很大的幫助。

此外，我在做培訓課程時還試過其他配套經營的方式。例如，我銷售服裝搭配課程時使用過「399＋1」的銷售模式，即買一個三百九十九元的服裝搭配訓練營課程，只需要加一元就可以再獲得一個配飾搭配的訓練營課程，相當於花四百元就可以獲得兩個訓練營課程。當時我的學員對這種模式十分受用，基本都同時購買兩個訓練營課程。

總而言之，直播主在設計產品套組時需要重視產品的組合邏輯，不僅要表現產品的功能組合邏輯和系統組合邏輯，還要以獨特的格調和理念提升配套化產品的價值，吸引觀眾購買。

7.5 贈品展示：買化妝品送小樣

贈品促銷是直播主常用的促銷手段，即直播主為了提升銷量向購買產品的觀眾贈送小禮品的促銷行為，主要包括直接贈送和附加贈送等。如果直播主所送贈品與銷售產品的特性相符或與其使用相關，那麼可以為促銷帶來更大的誘因，並且在某種程度上為觀眾使用產品帶來更大的便利性。贈品促銷的字樣需要展示在直播間最顯眼的地方，以吸引觀眾最大的注意。

直播主選擇贈品促銷，是由於這種促銷方法對觀眾具有很大的吸引力，可以吸引更多觀眾注意，提升觀眾對直播間的好感度，刺激觀眾購買產品的慾望。

贈品促銷可以提升觀眾的消費意願，吸引很多其他直播間的忠實粉絲成為直播間的新粉絲。例如，某觀眾一直在甲直播間購買A品牌化妝品。某一天，同樣銷售化妝品的乙直播間舉辦A品牌化妝品贈品促銷活動。觀眾以在甲直播間購買化妝品的價格，可以在乙直播間買到正品化妝品和贈送的化妝品小樣，而且買得越多，獲贈越多。因此，觀眾受到乙直播間的吸引而購買乙直播間銷售的化妝品。透過贈品，乙直播間降低該觀眾對甲直播間的忠誠度，使其成為自己的新粉絲。

我有一位學員在直播間直播時大量派發產品小樣，幾場直播後吸引到一位感興趣的代理商，直接支付十二萬元成為產品代理，一起經營產品。

贈品促銷還具有刺激消費的作用，刺激觀眾向更高的消費端轉移，購買平時不常買甚至不會買的產品。例如，某直播主銷售比較高檔、昂貴的精品手錶，雖然吸引很多觀眾的圍觀，但轉化率卻很低。面對這種狀況，該直播主決定舉辦贈品促銷活動，透過贈送精品手鍊、手環等產品來降低觀眾購買高檔產品的心理壓力，刺激他們的消費慾望，從而增加直播間的產品銷量。此外，贈品促銷還能夠保證觀眾對該產品的忠誠度，鼓勵觀眾再次甚至多次消費。

知識直播主也可以選擇贈品促銷的方式刺激觀眾消費。例如，知識直播主在銷售自己的訓練營課程時，可以贈送配套的電子書、資料包及學員分享案例等，從而增加產品的價值，提升產品的銷量。

如果直播主透過這種方式銷售產品，那麼在直播過程中除了要展示產品以外，還要展示贈品促銷活動中涉及的贈品。贈品一般分為兩種類型，其展示的方法也有所不同：

(1) 與產品同系列的贈品

與產品同系列的贈品，往往是直播主舉辦贈品促銷活動時首選的贈品。例如，某直播主在銷售某系列香水時設計出一系列贈品促銷活動：該系列香水共六瓶，觀眾每購買一瓶香水，可以選擇一個小樣；購買整個系列的香水，除了可以獲得整套香水小樣之外，還可以獲得精美禮品卡和禮盒包裝。

同系列贈品與產品的關聯性很高，更容易獲得觀眾的喜愛。同時，由於在介紹產品階段，直播主已經介紹同系列的各類產品，因此不必再介紹贈品的特性、適用情境等，只需展示贈品的包裝、容量等。

(2) 與產品相關聯的贈品

將與產品相關聯的產品作為贈品也是不錯的選擇。例如，在銷售精品手錶時，可以將替換錶帶作為贈品；在銷售筆記本電腦時，可以將電腦包作為贈品；在銷售手機時，可以將手機殼作為贈品等。

這類贈品與產品密切相關，直播主在展示贈品時可以將其與產品結合起來。例如，在展示贈品手環時，直播主可以在一隻手上同時佩戴手錶與手環，在另一隻手上只佩戴手錶，使兩隻手形成對比，展示手環與手錶一起佩戴更加漂亮，從而凸顯贈品的價值。同時，直播主在展示贈品時也要講明贈品的正常售價，以便觀眾認知到贈品的價值。

總之，直播主在直播中涉及贈品時也要重視贈品，展示贈品的特點、與產品的適配性及價值等。一些對產品猶豫不決的觀眾在看到贈品的價值後，往往會迅速下單，完成交易。

7.6 展示銷量：曬出銷量數據，好貨看得見

在觀眾的心中，衡量產品是否值得購買的一大標準就是產品的銷量。因此，直播主向觀眾展示產品銷量，能夠在一定程度上堅定觀眾購買產品的決心。直播主可以用銷量圖的形式展現

產品的銷量，但是需要注意以下兩點：

(1) 產品銷量圖要真實

一些直播主為了提高自己的產品銷量，往往會透過不正當手段偽造銷售數據，然後曬出偽造的銷量圖以吸引觀眾消費。這種欺詐手段是直播主必須要摒棄的。要想長久地透過直播獲利，直播主就要與觀眾進行誠信溝通。最好能實時顯示成交情況，在炒熱直播間氣氛的同時堅定觀眾購買產品的決心，如圖 7-2 所示。

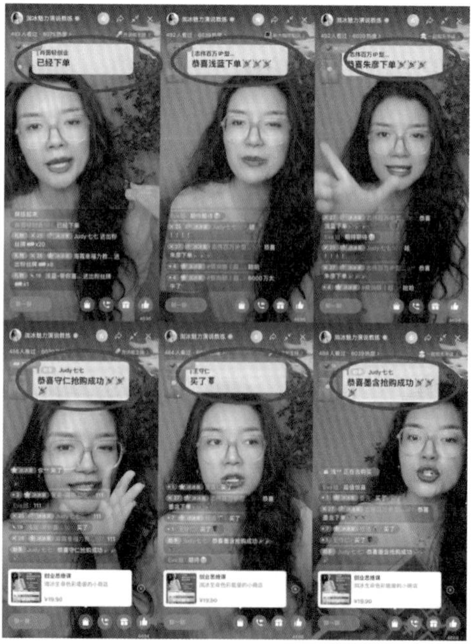

圖 7-2　直播間實時成交情況

因此，直播主在曬銷量圖時一定要保證真實性，做到誠信經營。真實的銷量圖有助於直播主與觀眾建立信任關係。同時，銷量的不斷提高也是直播間的一種正向宣傳，有利於觀眾的留存。

(2) 銷量圖的選取要合適

所謂合適的銷量圖，就是時間比較近、數據比較高的銷量截圖。在選擇上，直播主可以借助直播活動、購物節等時機展示這些特殊時段的高銷量。在平時，直播主也可以篩選出每週或每月銷量最高的銷量圖，進行展示。

總體來說，直播主曬出銷量圖是一種不錯的提升人氣和轉化率的方法，能夠讓觀眾看到產品的受歡迎度，從而在從眾心理的驅使下購買產品。

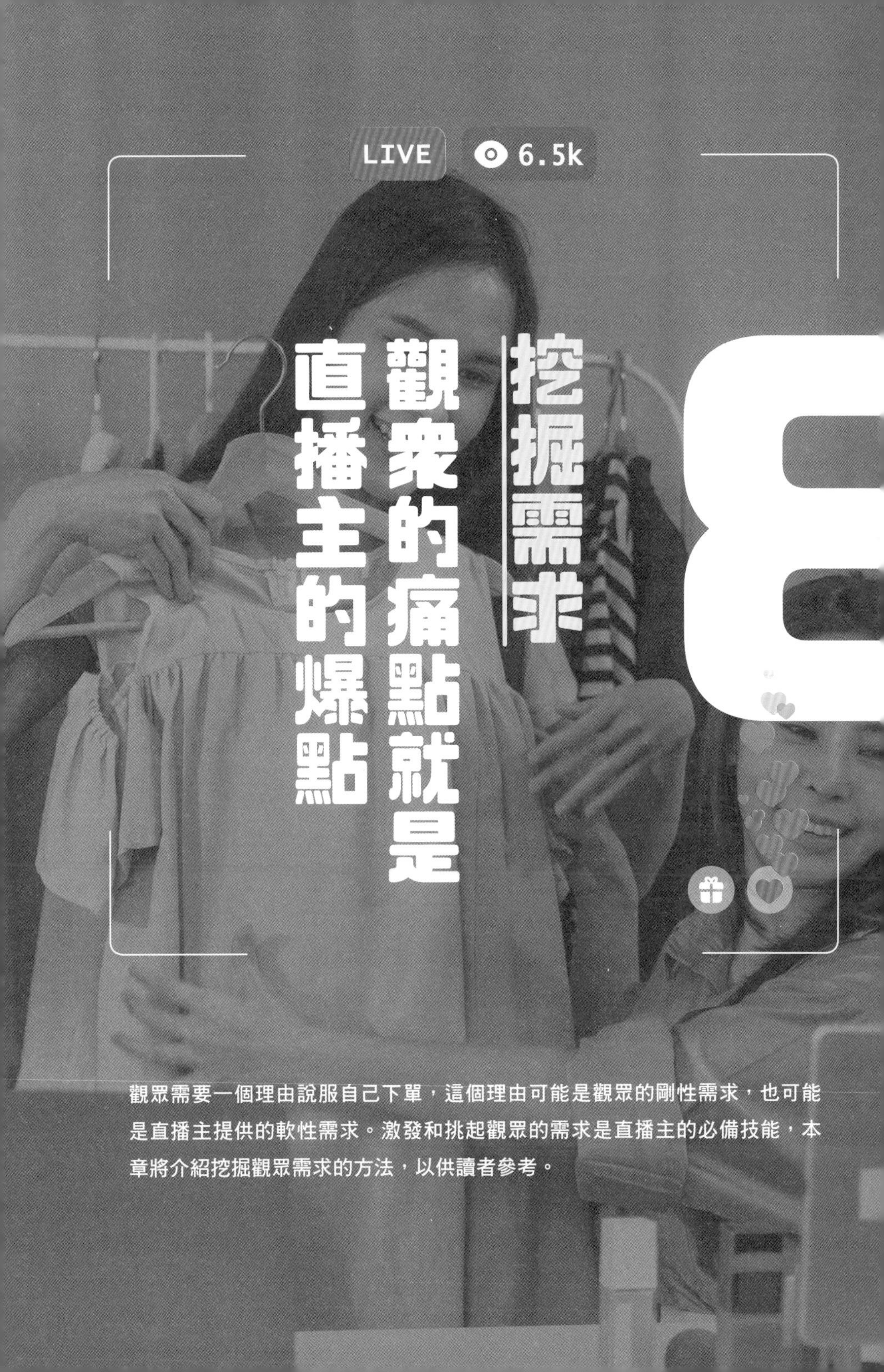

8

挖掘需求
觀眾的痛點就是直播主的爆點

觀眾需要一個理由說服自己下單，這個理由可能是觀眾的剛性需求，也可能是直播主提供的軟性需求。激發和挑起觀眾的需求是直播主的必備技能，本章將介紹挖掘觀眾需求的方法，以供讀者參考。

8.1 趁熱打鐵：激發觀眾強烈的購買慾望

一部分觀眾在觀看直播時就存在明確的需求，對直播主推薦的產品有強烈的購買慾望。這部分觀眾是直播主的核心觀眾。對於這些觀眾，直播主應引導其快速下單，同時注意做好觀眾的留存。直播主需要做好以下三個方面的工作：

(1) 提升觀眾的購物體驗

在留存觀眾方面，直播主首先要提升觀眾的購物體驗。除了在觀眾購買時為其提供周到的服務以外，直播主更要保證產品的品質，並讓觀眾瞭解產品的性價比。直播主在介紹產品時要強調產品的優勢，同時幫助觀眾貨比三家，強調自家產品和其他同類產品相比所擁有的價格優勢、功能優勢等。這樣不僅能激發觀眾果斷下單的衝動，還能增進觀眾對直播主的好感。

(2) 透過多種優惠留存觀眾

對產品有明確需求的觀眾是直播主最核心的目標觀眾，直播主需要提高這部分觀眾的轉化率，達到二次轉化，甚至多次轉化。在這方面，直播主不僅要在觀眾初次轉化的過程中提醒其關注直播間的各種優惠，也要向已經購買產品的觀眾發放多種優惠券，如同系列產品的八折購物券、直播間紅包、十元代金券等，以吸引觀眾二次消費。在多重優惠的吸引下，這部分觀眾很可能會成為直播間的忠實粉絲。

例如，我在二〇二〇年時曾推出一款年卡，會員價五二〇元。二〇二一年時，我將這款年卡漲價到一九八〇元，然後我做了一個促銷活動：凡是二〇二〇年買過年卡的人，二〇二一年續卡，只需要再花一千元。跨年直播當晚推出這個活動時，年卡就賣掉近一百份，銷售額接近十萬元。

二〇二二年，我的這款年卡定價依然是一九八〇元，然後依然保留老客戶可以九九九元續卡的活動，有非常多的客戶回購。

知識產品不是一次性成交的，它需要長期留存客戶，讓他們持續訂閱。因此，我們就可以採用這樣的年卡回購策略，透過優惠續卡、半價續卡等優惠活動吸引客戶長期留存。

此外，補差價策略也是我經常使用的優惠方式。例如，我在二〇二一年初推出一款價格為一九八〇元的年卡，然後在二〇二一年底推出一款價格為九八〇〇元的產品。為了讓這款產品更有吸引力，我使用一個補差價的策略：如果購買過年卡的觀眾現在購買這款產品，可以抵扣年卡的費用，即一九八〇元。這款產品一開賣就銷售出一百多份，銷售額直逼百萬元。

這是一種老客戶特惠的優惠方式，它可以讓一些忠誠度高的老客戶持續產生回購，提升黏著度，長期留存。

(3) 拉近與觀眾的距離

一味地推銷產品很難給觀眾留下深刻的印象，難以轉化並留存觀眾。因此，直播主要注意維護與觀眾的關係，拉近與觀眾的距離。這樣當觀眾需要購買產品時，就會更願意到直播主的直播間裡購買。

在這方面，直播主可以透過講述自己的故事與觀眾拉近距離。例如，某銷售美妝產品的直播主也是一位美妝達人，她在推薦產品的過程中會和觀眾分享自己的美妝心得，講解化妝技巧，以此拉近與觀眾的距離。同時，對於觀眾的各種提問，該直播主也耐心解答，甚至收集觀眾的問題，透過專場直播為觀眾答疑解惑。長此以往，觀眾感受到該直播主的真誠，也更願意在其直播間消費。

除了講故事，直播主還可以投入情感，與觀眾拉近距離，如分享自己的日常生活、心情、價值觀等。

人們不會和陌生人分享自己的喜、怒、哀、樂，只會和自己的朋友分享。如果直播主能將直播間的觀眾變成自己傾訴的對象，那就證明直播主已經和觀眾成為朋友，距離自然也就近了。

我在直播產業是一個公認的非常有溫度的直播主。我經常在直播間和觀眾分享自己最近開心或不開心的事情，從情感上影響觀眾。例如，有一次我因為遇到一件很麻煩的事情而感到很難過，就直接在直播間落淚感傷，這讓觀眾看到了我很真實的一面。

此外，我還會分享一些對熱搜事件的看法，例如，我非常喜歡或非常憎惡的一些人的做法等，從而讓我的形象更加生動、立體、真實。這樣的情感投入讓我和直播間的很多觀眾成為朋友，關係更加親近。

總之，對於需求明確的核心觀眾，直播主不僅要引導其購買產品，更要透過一系列方法留存觀眾，將其轉化為直播間的忠實觀眾並實現多次轉化。

8.2 具體化：使觀眾的購買慾望變得明朗

一些觀眾在觀看直播時需求不明確，對產品的購買慾望也不強烈。他們往往只有一個籠統的需求，如想要買一些當季的衣服、智慧家電等。但對於具體買哪一件產品，他們往往沒有明確的答案。對於這部分觀眾，直播主需要做的就是將他們的需求具體化，幫助其明確自己的需求。

直播主首先要從這部分觀眾的籠統需求入手。例如，觀眾的需求是「美化生活環境」，在不確定觀眾具體需求的情況下，直播主可以向觀眾推薦一些智慧掃地機器人、乾溼兩用吸塵器等智慧家居產品，或者向觀眾推薦一些製作精良的居家擺設，再根據產品的銷量進一步判斷觀眾的喜好。這樣層層遞進、逐步鎖定觀眾的興趣點後，直播主就可以根據其需求準確地向其推薦產品了。

作為知識直播主，也要明確觀眾在細分領域的細分需求。例如，我曾經有一個賣得非常好的課程叫「演講成交力」，這個課程就是針對許多直播主成交能力不足的痛點設計的。

許多人很會講話，可以在直播間侃侃而談幾小時，將產品的材料、生產地、特性描述得非常好，但是產品的銷量卻不盡如人意。這是因為他們的成交能力弱。於是，我針對這個細分的痛點主打如何提高成交能力而開設課程。很多有類似問題的觀眾被吸引來下單，「演講成交力」這個課程也成為一款暢銷商品。

此外，直播主也可以從產品的實際應用出發，為觀眾營造一個具體情境。例如，直播主推銷的產品是自動香氛機，那麼直播主就可以給這個產品營造情境：「大家每天下班之後是不是都很疲憊？當你忙碌一天後回到家中，打開這個香氛機，柔和、清香的氣味會緩緩充滿整個房間。在這種柔和氣味的包圍下，大家能夠放鬆身心、舒緩神經，感受到家的溫暖。」

這樣具體的情境營造能夠讓觀眾對美好生活產生嚮往，使觀眾明確自己需要的就是直播主推薦的產品，進而購買該款產品。總之，對於這部分觀眾，直播主要做的就是透過提供建議給他們幫助其明確需求，代入情境，實現直播轉化。

8.3 另闢蹊徑：為觀眾創造購買需求

有一類觀眾在觀看直播時沒有購買產品的想法，或者並未意識到自己的需求。對於這些觀眾，直播主可以將其細分為以下三種類型，有針對性地為觀眾創造購買需求：

(1) 存在痛點，但不明確

一些觀眾對某些產品不感興趣，並不意味著其真的沒有需求。直播主可以轉換溝通的角度，以痛點激發觀眾的需求。

某彩妝直播主曾在直播間推薦一款男士護膚品。由於其觀眾多為女性，因此該直播主在推銷這款護膚品時的推薦語是「買給你們的男朋友，這個真的好用又划算」。沒想到直播間的觀眾並不買帳，紛紛評論：「他不配，下一個。」最終，這款男士護膚品的銷量十分慘澹。

後來，該直播主又推薦一款男士沐浴乳。在介紹完沐浴乳的特點後，直播主還強調這款沐浴乳的價格實惠，並對觀眾說道：「給男朋友買便宜的，他就不會再用你昂貴的沐浴乳了。」直播主的這句話讓許多觀眾忍不住要笑，並覺得十分有道理，於是紛紛下單。因此，這款男士沐浴乳獲得不錯的銷量。

該直播主直播間的觀眾多為女性，一般來講，她們對男士產品是沒有需求的，該直播主要想推銷出產品，就需要為她們創造需求。在推銷男士護膚品時，只是價格划算還不能讓女性觀眾對此產生需求。而在推銷男士沐浴乳時，該直播主找到女性觀眾的痛點，表示「給男朋友買了這個沐浴乳，他就不會偷用你的了。」這種從女性觀眾的痛點出發的表述得到女性觀眾的認可，同時激發她們對男士沐浴乳的需求。

(2) 看重價格優惠

一部分觀眾追求實惠，看重產品的價格，折扣產品和直播銷售中的優惠活動能夠激起他們的購物欲，因此直播主可以據此為觀眾創造需求。直播主需要詳細講明直播間優惠活動的細則，如哪些產品有折扣、滿額活動等如何參加；同時可以打出「工廠直銷」、「限時一天」等標語，吸引這部分觀眾購買產品。

①折扣優惠

折扣優惠是指在原來價格的基礎上直接降價。例如，原價一百元的產品，五折優惠，只賣五十元。這是最常見的優惠策略，直播主可以將其與限時、限量等方法配合使用，以更好地挑動觀眾的積極性。

②漲價策略

漲價策略是指在現價的基礎上漲價，以讓觀眾更快接受現價。例如，明天產品就會漲價，只有現在在直播間享有這個價格。漲價策略是一種非常好的優惠策略，對觀眾施加一點緊迫感，讓他們更快做出決策。

③買一送一

買一送一是指買一件產品送一件同款產品。例如，現在購買課程年卡，可以享受兩年的服務。買一送一可以給觀眾物超所值的感覺，讓觀眾覺得自己花錢買到更多的東西。

④揪團優惠

揪團優惠是指多人下單比單人下單更便宜。例如，邀請五個好友揪團，每人都可以打八折。這種優惠方式不僅可以增加銷量，還可以擴大產品的影響力，為直播間增加更多粉絲。

為什麼很多觀眾都會被價格優惠吸引呢？這是因為人們都有追求實惠的心理。人們並不喜歡買本身便宜的東西，而是喜歡用超乎尋常的低價買到原本價格很高的產品。因此，直播主透過重新制定價格策略，可以讓觀眾產生這種實惠的感覺，從而消除猶豫，加速下單。

(3) 從眾心理

一部分觀眾追求認同感及社會歸屬感，希望跟隨大眾的腳步購買銷量多的產品。這都是受觀眾的從眾心理影響。對於這一類觀眾，直播主就要給產品製造爆點，強調自己推銷的產品是暢銷產品，銷量遠超同類產品。這種推銷對這類觀眾具有很大的吸引力，觀眾也會積極地購買這些暢銷品。

例如，我們去吃飯，一般都會選擇那些大排長龍的餐廳。很多人寧願排長隊等候一個多小時，也不願意去另一家不排隊的餐廳。這是因為人們認為排隊人潮越多的餐廳，飯菜越好吃，所以排隊的人只會越來越多。

同樣，直播也可以利用從眾心理喚起觀眾的購買欲。例如，我們在直播推薦產品時可以這樣說：「很多人都購買這款課程，回饋非常好。」同時，我們還可以透過展示一些已購客戶的評價來增強說服力。

總之，即使觀眾沒有購買產品的想法，直播主也可以為他們創造出需求。直播主可以從產品本身或觀眾的購物心理出發，對觀眾加以引導，激起觀眾的購買慾望，達到產品銷售。

8.4 聚焦客群：帶貨直播主選品是門學問

對於帶貨直播主而言，選品是一個十分重要的部分，不僅能影響產品的銷量，還能影響直播主的聲譽。在選品時，直播主既要注意觀眾的需求，選擇深受觀眾青睞的好物，也要保證產品符合自己直播間的特性，使自己的直播定位更明確。

直播主在選品階段的誤區

直播主在選品時容易陷入以下三個誤區：

(1) 感性選品，沒有規劃

一些直播主在選品時過於感性，沒有規劃，導致直播銷售的轉化率難以提升。直播主的感性選品主要有以下三種表現：

1. 主觀式選品，即直播主只選自己喜歡的產品，而不考慮觀眾的喜好。
2. 跟風式選品，即什麼產品流行，直播主就選什麼產品，而不考慮自己的人設和直播間風格。
3. 獨孤式選品，即產品之間無關聯，直播過程中無法創造與觀眾的關聯需求。

(2) 盲目追求高佣產品

盲目追求高佣產品也是很多直播主在選品過程中的通病，以為佣金越高，自己能拿到的酬勞也就越高，卻忽視高佣金產品背後可能存在的隱患。高佣金產品往往有以下兩個特點：

①單價提高

很多商家的高佣金其實是變相提高產品單價，看似直播主的佣金高，但是過高的產品價格會導致購買人數減少。

②產品的品質低

高佣產品有可能品質較差，這樣會導致直播主的售後風險變大，不利於長期發展。

(3) 低價秒殺，貫穿全場

秒殺、低價是大多數直播主常用的促銷策略。但是，一味地打價格戰，既不利於提升觀眾的黏著度，也無法長期維持。甚至有些直播間用低品質換低價，導致差評增多，最終得不償失。

直播主規避誤區的選品技巧

直播主在選品時一定要注意規避以上三個誤區，同時根據觀眾需求和直播間的特性謹慎選品。因此，直播主可以採用以下幾種選品技巧：

(1) 選擇當季產品

很多產品都是當季的，能夠滿足大部分觀眾的需求。例如，直播主在冬季銷售羽絨服，在夏季銷售夏涼被。同時，由於階段性需求爆發，當季產品往往可以獲得高銷量。

(2) 選品與直播間特性一致

很多直播間都有自己的風格、聚焦的領域，直播主在選品時一定要注意直播間的特性。例如，某直播主是一名知識分享型直播主，其觀眾也多為熱愛學習的學生、喜歡讀書的職場人士等，那麼直播主的選品就需要符合直播間的特性，培訓類課程、某一細分領域的專業書籍等，就是十分符合該直播主直播間特性的產品。

(3) 選品領域一致

經營成熟的直播間往往有垂直的定位，如定位於美妝知識領域、數位科技領域等。直播主在選品時，要保證所有產品同屬於某一細分領域。例如，美妝直播主可以選擇不同品牌的化妝品、護膚品等。如果直播主選擇的某些產品與以往產品的品類大不相同，則容易引起觀眾對直播主的質疑，有損直播主與觀眾的信任關係。

(4) 選擇高熱度的產品

高熱度的產品往往能夠帶來更多關注和更高的轉化率。在選擇高熱度的產品時，直播主一定要緊跟當下趨勢，借助熱搜提升產品的銷量。例如，美妝領域的直播主可以關注當下哪些知名品牌發送新品，藉品牌宣傳熱度在直播間銷售產品；數位科技領域的直播主也可以注意手機、電腦等新品，透過新品測評提高直播間轉化率。

8.5 好物推薦：直播主的人工推手

很多時候，一些人對直播主銷售的產品存在需求，但直播間卻難以與這些人士建立連結。

因此，直播主需要透過微信公眾號、微博、小紅書等多個平台進行好物推薦，為直播間引流。

例如，直播主可以在這些平台發送文章，創造引流。值得注意的是，直播主發送的文章需要能顯示出核心價值，即人們看完這篇文章後可以獲得什麼。這樣的價值可以是直播主提供的實用內容、指南，也可以是直播主提出的觀點、解決方法，總之一定要引起讀者的共鳴。至於直播主給出的解決方案，當然就是直播間的某樣產品。如果讀者被直播主描述的情境吸引，需求被激發，便會進入直播間觀看直播並下單。

小然是一名經常出外勤的律師，夏天即將到來之際，她非常苦惱自己的護膚問題。此時，她在小紅書看到某直播主發送的文章「還在為夏天曬黑而煩惱嗎？防曬好物推薦來了！」這個標題正表達出小然目前擔憂的問題，於是她點進文章開始瀏覽。

直播主在文章中為各種膚質的人推薦不同的防曬品，行文流暢、邏輯清晰。小然很快就找到自己膚質對應的防曬品，並且驚喜地看到這款產品在直播間有七折優惠，於是來到該直播主的直播間觀看直播並下單。

除了在多平台發送文章以外，直播主也可以直接在直播過程中推薦好物。例如，直播主在推薦一款智慧掃地機器人時可以說：「我自己也在用這款智慧掃地機器人，不僅清潔能力強、續航時間長，而且十分靜音，使用體驗真的很好。」介紹完產品後，直播主還可以現場示範智慧掃地機器人的使用效果，提高觀眾對產品的信任。

相比文字，直播展示的效果更能贏得觀眾的信任。同時，基於觀眾對直播主的信任，直播主使用過、認證過的產品也更能激起觀眾的購買欲。

8.6 產品評測：帶貨直播主的天然媒介

在一場直播中，直播主可能會介紹同品類的多種產品。在這種情況下，怎樣才能凸顯不同產品的特點，幫助觀眾明確需求呢？答案就是進行產品評測。透過產品評測，直播主可以展示不同產品之間的區別，同時明確不同產品的適用人群，幫助觀眾明確需求。

那麼，直播主應怎樣進行產品評測呢？以不同款式的羽絨服評測為例，主要包括以下幾個步驟：

(1) 現場展示與檢測

直播主需要分別展示不同款羽絨服的樣式、前後外觀等，再對每一件羽絨服進行檢測。檢測的內容包括是否有線頭、是否跑絨、是否易浸於水等，並逐一做出評價。

(2) 細節展示

在細節展示環節時，直播主需要展示不同羽絨服的設計細節，包括Logo、袖口、拉鍊、口袋、帽子等設計，同時也需要講述羽絨服的材質、洗滌方式等。

(3) 樣品展示

在這一環節時，直播主可以逐一穿上羽絨服展示試穿效果，根據自身感受做出重量、保暖度等多方面的評價。根據羽絨服的款式，直播主可以對其進行分類，如哪些適合高個子人群、哪些適合微胖人群等，幫助觀眾更精準地做出選擇。

(4) 穿搭教學

不同款式羽絨服的搭配也不一樣。在評測最後，直播主可以給每一款羽絨服設計一套穿搭方案，並分別試穿展示。因此，觀眾也可以根據自己喜愛的穿衣風格，選擇自己最想購買的那款羽絨服。

總之，透過評測，直播主需要區分同類產品的不同特點，並給出購買建議，幫助觀眾最終做出選擇。

在抖音上銷售高價格的奢侈品，也是從每個細節展示，引導觀眾下單。直播主作為天然的媒介，要幫助觀眾拆解每個細節，甚至從拆快遞包裹的體驗開始替觀眾感受。

8.7 數據復盤：聆聽觀眾的聲音

直播銷售是一個完整的過程，直播結束並不意味著直播主的工作就結束了。在結束直播後，直播主需要進行數據復盤，以此增進對觀眾的瞭解，明確觀眾的需求，以期使後續的直播更完善。直播主可以透過以下更科學、更高效的方式進行數據復盤：

(1) 基礎數據

以抖音直播為例，直播主需要關注以下五項基礎數據，如圖 8-1 所示。

①收穫音浪

音浪收入是直播主收益的一環。觀眾透過加值獲得代幣，購買虛擬禮物贈送給直播主。音浪數據可以顯示直播主直播間的受歡迎程度，數據的增長與下降可以反映直播主人氣的變化。

圖 8-1　抖音直播基礎數據

②觀眾總數

觀眾總數是直播銷售數據中比較重要的一項數據，其決定直播主的流量池等級。流量池等級的高低決定直播間是否能獲得推薦，能否讓更多人看到。以觀眾刷抖音為例，當觀眾不斷刷新推薦頁，經常刷到某直播主正在直播的畫面內容，同時畫面出現「點擊進入直播間」的引導字樣，這時觀眾很容易被興趣引導而進入直播間。當進入直播間的觀眾數量足夠多時，直播間的觀眾總數便會獲得可觀的增長，直播主收益也會有所提升。

③新增粉絲

抖音的直播推薦演算法主要透過按讚數量、互動頻率、轉發數量等指標來對一個直播間進行衡量。直播主需要透過引導觀眾轉發、多與觀眾互動等方法提高這些指標，以獲得更大的被推薦機率，吸引更多觀眾進入直播間，從而轉化為直播間的忠實粉絲。

④付費人數

一些觀看直播的觀眾可能會給直播主送禮物，為直播主付費。同時，觀眾通常會選擇購買產品來支持直播主。因此，此項數據在復盤時參考性較弱。

⑤評論人數

本項數據代表直播間的觀眾互動情況，將評論人數與觀眾總數相除，互動比例在五％～一○％較正常。如果互動比例低於五％，直播主就需要思考是不是產品對觀眾的吸引力較小。

(2) 觀眾來源

觀眾來源是直播主進行復盤的一項重點數據，只有清楚觀眾從哪個管道被吸引進直播間，才能對症下藥，使用更有針對性、更高效的優化策略。以某直播主的抖音直播數據為例，直播的觀眾來源通常包括直播推薦、其他、同城、關注及影片推薦五個方面，如圖 8-2 所示。

①**直播推薦：**觀眾來源中佔比最大的部分，可以說大多數觀眾都是透過直播推薦、直播廣場等入口進入直播間的。直播主可以透過引導觀眾互動，提高直播間的熱度，如鼓勵和引導觀眾發送彈幕、點擊關注、按讚等。

直播主在直播時往往會重複說一些語句，如「關注直播間下單後可以進行抽獎」、「如果你覺得這件產品不錯，請點一下小心心」等。這樣是為了提升直播間的按讚量與互動率，以獲得直播廣場中更高的推薦位。

②**其他：**包括 PK 連線及小時榜。直播主可以與流量高於自己的直播主進行連線，來達到引流的效果。

③**同城：**直播主需要打開定位系統，精準吸引同城觀眾進行觀看。

④**關注：**直播主需要擁有固定的直播時間，吸引已經成為粉絲的觀眾定時觀看。

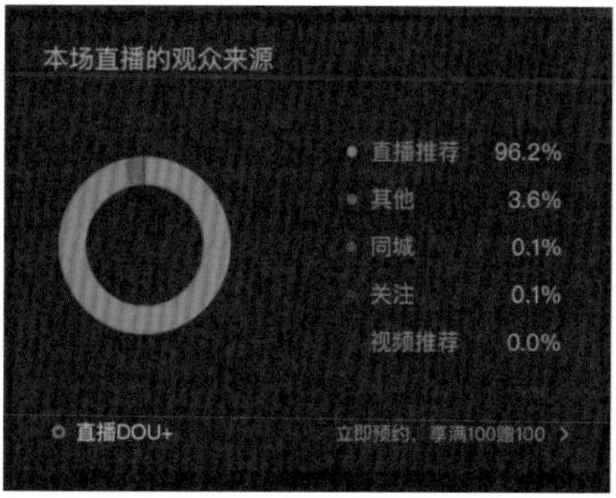

圖 8-2　抖音直播的觀眾來源

⑤**影片推薦：**直播主可以選擇在直播前發送前導影片進行引流，吸引更多觀眾觀看直播。

(3) 四項重點數據

除了以上數據之外，直播主還需要注意觀眾停留時長、平均與峰值人氣、產品轉化率及UV價值四項重點數據，以便對直播進行更深一層的評價與考量，如圖8-3所示。

①觀眾停留時長

觀眾停留時長是衡量直播間吸引力的重要指標之一。觀眾的停留時間長，代表直播主的直播技巧與產品選擇都相對出色；反之則不然。觀眾在直播間的停留時間越長，越有可能產生購買行為。直播主可以透過發紅包、互動抽獎等方式留住觀眾，盡量提高觀眾的停留時長。

②平均與峰值人數

平均人數可以作為一個指標，衡量直播間人數的波動區間，用於觀測峰值與低谷分別出現在何時，並分析數據低谷是不是因為產品選擇不當或直播氣氛低迷，以及數據峰值是不是因為產品或活動大受歡迎。

圖 8-3　四項重點復盤數據

③產品轉化率

用下單人數除以觀看總數即可得到轉化率。此數據是衡量直播間收益的關鍵指標，也從側面反映出直播主能力的高低。

④UV價值

隨著流量越來越貴，引流成本逐漸增加，直播主除了需要分析如何增加觀眾總數以外，還要關心如何讓每個引流來的觀眾完成轉化，達到更高的價值。UV價值意為訪客價值，其公式為「UV價值＝銷售額／訪客」。其中，銷售額包括產品的成交額和觀眾為直播主刷禮物的金額。直播主需要做好觀眾關係維護，在有限的成本上達到更高的價值。

復盤意味著一次直播的結束，並且能夠為下次直播提供更多經驗。在直播結束後進行復盤，直播主可以從第三者的角度客觀地審視自己在直播過程中的表現，從而總結經驗與教訓，以便下次直播時能夠做得更好。

8.8 視頻號直播復盤：流量分配並非玄學

很多人在視頻號直播時不懂得流量變化的內在邏輯，將直播間流量

表 8-1　視頻號直播流量觀測表

直播時段	開播	5 分鐘	15 分鐘	30 分鐘	60 分鐘	90 分鐘	120 分鐘	下播
時間點	20:29	20:33	20:45	20:59	21:29	22:05	22:42	23:09
看過人數	44	86	219	544	1246	2191	3507	4230
在線人數	39	55	99	120	142	147	131	109
話題內容	剛開播	發紅包	實用內容	實用內容	連線	連線	實用內容	結束

的多寡視為玄學，每次直播都是盡人事、聽天命。事實上，我們透過對直播數據的記錄和研究，可以發現直播流量的邏輯算法，如 P.205 表 8-1 所示。

任何一個平台，都不會無緣無故地給直播主分配流量。平台能給直播主流量，代表直播主對平台有價值。怎樣的直播主對平台有價值呢？答案是能夠幫助平台留存用戶的直播主。換言之，熱度越高的直播主，越能留存用戶。

直播間熱度又是怎樣衡量的呢？可以用六個具體的數據衡量直播間的熱度，這六個數據分別是直播時長、在線人數、禮物量、按讚量、評論量及訂單成交量。

(1) 直播時長

直播時長是一場直播的時間總長度。根據視頻號的規則，低於三十分鐘的直播時長不算有效直播天，所以建議每場直播要達到一小時以上。

直播時長是直播主為平台貢獻內容的基本指標。只要直播主在平台上開播，就是在給平台貢獻內容和時長。直播主貢獻的內容和時長越多，平台給直播主推送的流量就會越多。

(2) 在線人數

在線人數分為實時在線人數和最高在線人數兩種。實時在線人數代表直播間當下的人氣，最高在線人數是直播間在線人數的峰值。直播主在直播間頁面可以看到實時在線人數，只能在

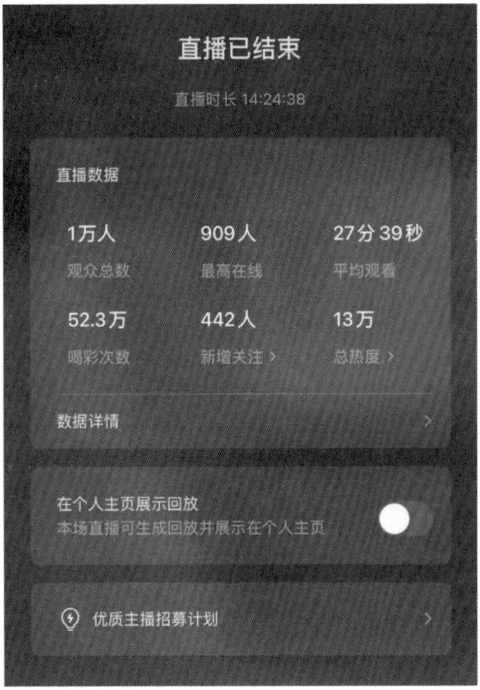

圖 8-4　最高在線人數數據

下播之後的數據裡才能看到最高在線人數，如圖 8-4 所示。

還有一個數據就是平均在線人數，這個數據可以基本確定直播主的鐵桿粉絲數量。其實，從某種意義上說，平均在線人數更能反映直播主的能力。

此外，還有累計觀看人數和新增關注。累計觀看人數可以反映一整場直播共有多少人進入過直播間，也就是觀看直播的總人數，如 P.208 圖 8-5 所示。進過直播間的人越多，證明直播間的人氣越高，關注度越高。新增關注可以反映一場直播有多少新粉絲關注了直播主，如 P.208 圖 8-6 所示。新粉絲越多，證明直播主的獲客能力越強。

直播主可以透過觀測在線人數，瞭解自己的粉絲黏著度，然後定期對比分析，觀察這個數據是否有所增加，這樣就可以看出粉絲群有沒有擴大。

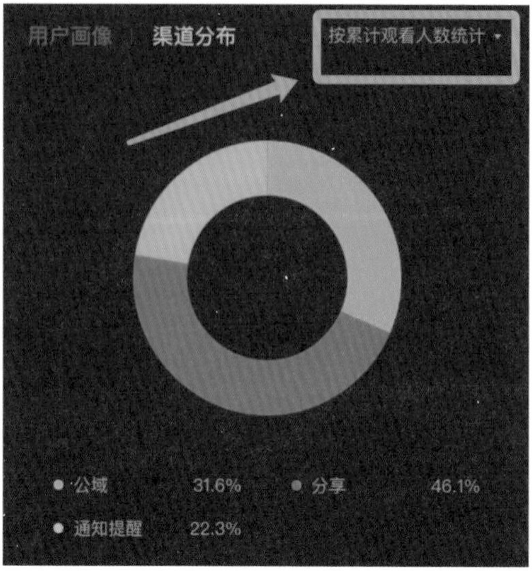

圖 8-5　累計觀看人數數據

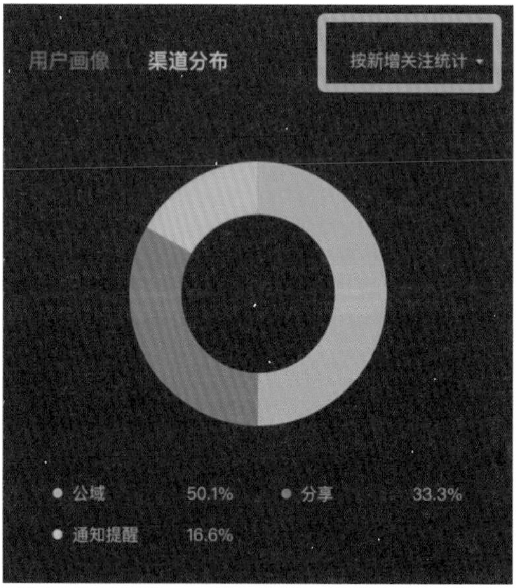

圖 8-6　新增關注統計數據

(3) 禮物量

觀眾給直播主送禮物能夠大幅度提升直播間的熱度，而直播間的禮物量也影響著直播間所能獲得平台推送的流量。以下是我某場直播的觀眾送禮數據，從中可以看出哪位觀眾付費最多，與我的親密度最高，如圖 8-7 所示。

(4) 按讚量

按讚量就是觀眾點擊直播間右下角大拇指的次數。關於直播間按讚，有一個隱藏的功能：只要五十個人同時按讚，就能召喚出掌聲。掌聲召喚出來，整個直播間的氣氛立馬就活絡起來。

(5) 評論量

直播時會有一個實時顯示聊天畫面的公區螢幕，也就是評論區。評論量是一個非常重要的數據指標，觀眾願意在公區螢幕上評論就代表他們有互動意願。直播間公區螢幕上的評論越多，直播間的氣氛就越活絡，直播主和觀眾之間的連結就越緊密。

(6) 訂單成交量

訂單是粉絲忠誠度和直播主熱度最直接的呈現。觀眾對直播主的認同，最直接的表現就是購買

送礼详细数据

1	元气姐姐的多维空间 29	311	1	李医生健坛 27	71
2	周华 27	299	2	董叔早餐频道 18	30
3	丁秋棠 21	169	3	常存逆龄面部瑜伽 25	30
4	德歌畅想 41	106	4	沐晴 3	26
5	娟子皇后 30	103	5	涓娟幸福养生 27	20
6	月月西厨 28	100	6	柳国谈财务自由 10	16
7	冀大妈说健康 28	100	7	爱美育妈 14	16

圖 8-7　某場直播的觀眾送禮列表

直播主帶貨的產品。在直播領域，帶貨是最直接的變現方式。淘寶、快手、抖音都用GMV作為衡量直播主價值的指標，視頻號也不例外。

影響訂單成交量的因素有兩個：一個是訂單數，另一個是訂單金額。訂單金額當然越大越好。但如果訂單金額一時難以有所提升，那麼直播主可以先致力於提高訂單數，因為訂單數背後關聯的是觀眾轉化率。

以上六個數據直接影響直播間的熱度，而熱度的高低又會直接回饋在場觀眾上。任何直播平台都有一些指標來衡量直播間的品質。直播間的熱度越高，代表直播主留存觀眾的能力越強。對於平台來說，能夠給平台加分、幫助平台留住用戶的直播間就是優質直播間。平台也一定會把流量向這樣的優質直播間傾斜。

因此，直播主要針對以上六個數據指標不斷復盤，提升自己直播間的熱度，這樣才能獲得更多平台分配的流量。

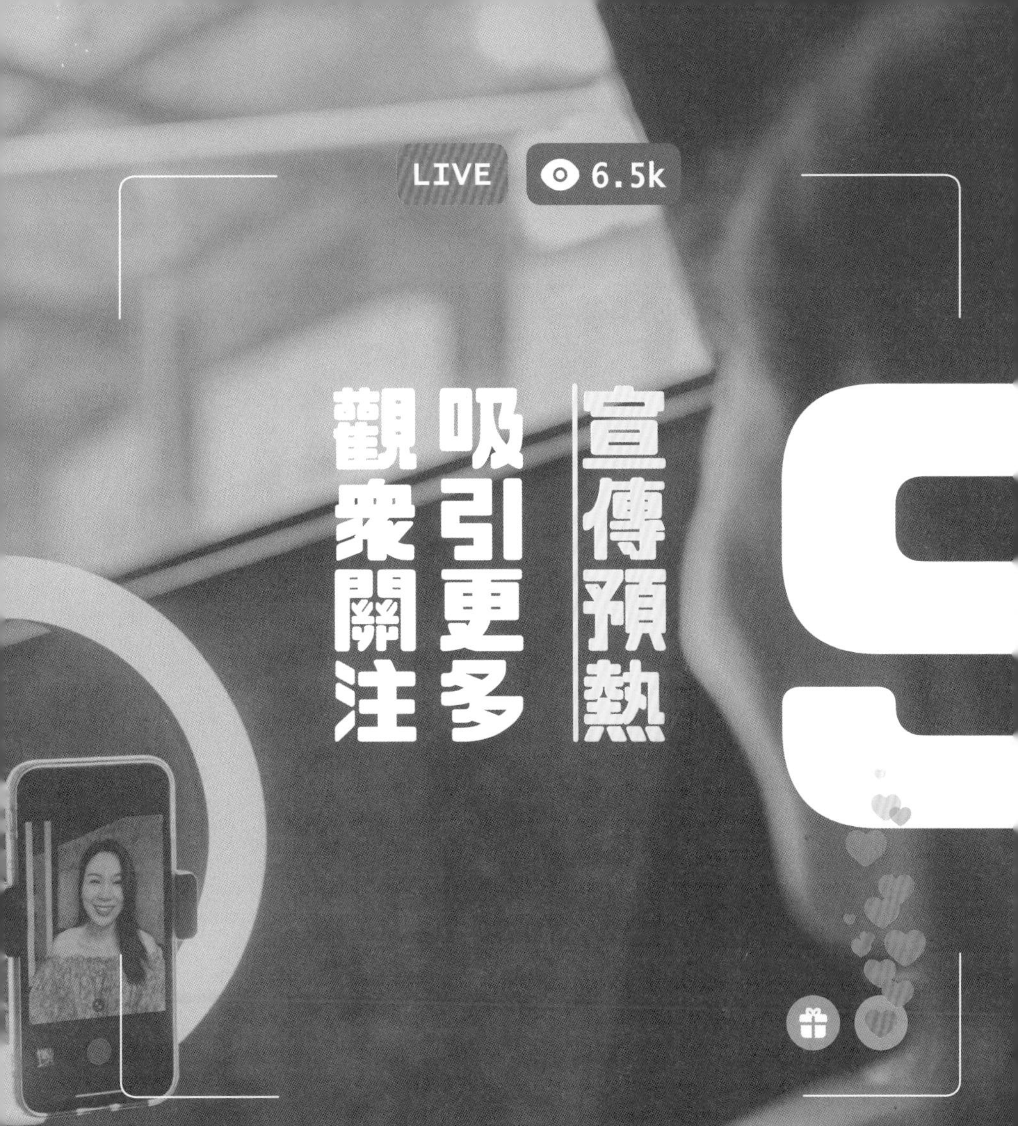

9

宣傳預熱

吸引更多觀眾關注

宣傳預熱是直播的重要環節。如果直播主精心準備直播內容，設計豐富的直播活動，卻沒有吸引足夠的觀眾，那麼直播也難以完成更多轉化。因此，直播主有必要做好直播的宣傳預熱，為直播造勢。本章將介紹五種預熱活動設計方法，供直播主參考。

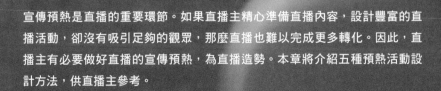

9.1 產品造勢：用熱銷產品吸引觀眾

直播宣傳預熱要展示直播的核心內容，展示直播對觀眾的吸引力，以便帶動觀眾觀看直播的積極性。在這方面，以熱銷產品為直播造勢是宣傳預熱的重要手段。

眾所周知，每年的「雙十一」購物節是電商的狂歡盛宴。而在某年「雙十一」購物節，為了引爆銷量，天貓提前一個月就開啓預售模式，為之後的正式活動做宣傳預熱。天貓推出一個廣告，在廣告中列舉三位新興人類「自鴿星人」、「檸檬星人」、「焦綠星人」，用搞笑、幽默的方式揭示當代人的真實生活。

想購買某種產品，但因為不斷拖延，到產品下架時仍未購買，這是「自鴿星人」的日常；手速慢，搶不到自己中意的產品，只能在別人曬出購買成功的截圖時暗自悔恨、羨慕，這是「檸檬星人」的日常；朋友的生日即將到來，但不知道買什麼禮物，這是「焦綠星人」的日常。這些情況是人們在購物時各種心理的真實展現。在列舉這些生活實例後，天貓秀出「雙十一」的活動時間，提醒各位觀眾做好搶貨的準備。

同時，為了進一步宣傳「雙十一」活動，天貓又精心挑選九個知名的熱銷產品，編寫《大促衝刺班——美妝精選詞典》，提前告知觀眾部分活動產品，在激發觀眾購物需求的同時也激發觀眾對其他產品的猜想。

天貓透過對暢銷商品的提前預告，使觀眾知道當次活動的產品有哪些，藉著觀眾對產品的

「種草」又一次吸引觀眾的關注。這種宣傳方式同樣也可以應用到直播銷售中，直播主可以透過預告部分產品的方式進行直播的宣傳預熱。

同時，直播主在預告產品時要注意挑起觀眾的好奇心，只展示直播內容最有吸引力的一部分。這部分可以是極具賣點的產品，如知名明星代言、熱銷限量款產品等，也可以是對某款暢銷商品的亮點介紹，總之一定要展示直播的吸引力，以便吸引更多觀眾。

9.2 福利吸引：展示超值優惠的稀缺感

直播的超值福利宣傳能夠吸引更廣泛的觀眾。在透過這種手段進行宣傳預熱時，直播主需要透過一系列福利的超值性、福利產品的稀缺性等營造出優惠活動的稀缺感。

例如，某直播主和某化妝品品牌進行聯合直播。因為這次直播所售的產品是由品牌商直接供貨給直播主，沒有中間商賺差價，所以產品的價格遠低於市場價格。該直播主的直播預告文案如下：

今晚直播中將會抽取10人送出第八代iPad，抽取5人送出華為Mate 40E Pro手機，抽取1人直接送萬元紅包。但這並不是今晚直播的最大福利，最大福利是××品牌彩妝套組歷史最低價上線直播間，每名觀眾都有機會，買到就是賺到，今晚7點等你來拿！

該直播主首先用誘人的抽獎活動預告吸引觀眾的目光，接著話鋒一轉，表示這並不是直播中的最大福利，直播中最大的福利是讓所有觀眾都能以歷史最低價格購買××品牌彩妝套組。透過文案中的寥寥數語，觀眾的好奇心被充分挑動起來。但是，該直播主並沒有說明產品的價格，這更讓觀眾對直播充滿期待。

在直播預告中預告福利的目的是讓觀眾對直播產生期待感，刺激觀眾觀看直播。為了增強直播的吸引力，直播主要營造出該福利的稀缺感。當產品在價格方面存在優勢時，直播主可以低價作為福利預告的重點；當產品在稀缺性方面存在優勢時，直播主也可以此作為行銷重點，營造出該福利的稀缺感。

例如，某直播主和一家知名的化妝品品牌達成合作。品牌商除了提供一些經典的彩妝產品以外，還提供一千支限量款口紅，並贈送口紅小樣。因為這款口紅十分受歡迎，在很多地區都賣斷貨了，所以該直播主就在直播預告中重點介紹這個福利：「限量款××口紅驚喜來襲，限量 1000 支，買口紅送小樣，搶到就是賺到！」

該直播主在直播預告中凸顯「限量款口紅」、「限量 1000 支」、「買口紅送小樣」等驚喜福利，營造出福利的稀缺感。這在吸引更多觀眾關注的同時，也極大地激起觀眾的購物慾望。

當直播主可以給予觀眾超值福利時，就可以從福利的稀缺性出發，發送福利預告。無論是「歷史最低價」，還是「限量款產品」，都可以營造出此次福利的稀缺感，讓觀眾對直播充滿期待。

9.3 邀請有禮：活絡老觀眾，吸引新觀眾

邀請有禮是直播主吸引觀眾的常用宣傳方式。透過這種宣傳方式，直播主既可以活絡老觀眾，又可以吸引更多新觀眾。在透過這種方式進行宣傳預熱時，為了保證效果，直播主一定要儘可能提高舉辦邀請有禮活動的力道，為觀眾提供實實在在的優惠。

直播主可以透過以下兩種方式舉辦邀請有禮活動：

(1) 使用邀請碼

使用邀請碼是一種相對繁瑣的邀請方式。老觀眾使用邀請碼邀請新觀眾時，雙方都需要記錄邀請碼，而且還要透過指定管道填寫邀請碼。因此，邀請碼的應用性相對較少。

那麼，哪些情況適用邀請碼呢？在為了呈現活動的稀缺性時，直播主可以使用邀請碼舉辦活動。例如，為了回饋一直支持自己的老觀眾，某直播主精心安排一場特別直播，期間所有產品將五折出售，以表示對老觀眾的感謝。在這種情況下，為了表示對老觀眾的重視，直播主可以透過向其發放邀請碼的方式邀請其參與直播。

(2) 分享連結或 QR code

分享連結或 QR code 是舉辦邀請有禮活動最常用的方式，其優點是方便、快捷，可以在微信、QQ 中快速傳播。

透過分享連結或 QR code 舉辦邀請有禮活動的流程如下：

1. 老觀眾發起邀請，把邀請連結或 QR code 分享給新觀眾；
2. 新觀眾接受邀請，進行註冊，參與活動並下單；
3. 新觀眾註冊後可獲得獎勵，獎勵的內容一般為產品優惠券；
4. 老觀眾邀請的新觀眾註冊和下單後，老觀眾均可獲得獎勵，獎勵的內容可以是產品優惠券或產品實物。

在透過邀請有禮活動對直播進行宣傳預熱時，直播主需要注意以下兩個問題：

第一，老觀眾邀請新觀眾的積極性可能不是很高。因為老觀眾只能在邀請新觀眾成功後才可獲得獎勵，而如果直播主提供的優惠力道不夠，那麼老觀眾邀請新觀眾成功的機率就會較低。

第二，新觀眾接受邀請的機率和直播主提供優惠的力道成正比，如何以較低的投入獲得最大的宣傳效果，是直播主需要認真思考的一個問題。

為了解決以上兩個問題，直播主要設計合理的老觀眾獎勵機制，讓老觀眾在發起邀請後就可以獲得一個小獎勵，這能夠讓老觀眾獲得即時的滿足感。同時，如果老觀眾發起邀請時總是獲得相同的獎勵，那也會影響老觀眾持續邀請新觀眾的積極性。對於這個問題，直播主可以用兩個辦法解決。第一，直播主可以把老觀眾獎勵改為隨機獎勵。第二，老觀眾邀請的新觀眾越多，獲得的獎勵也會越多，直播主可以為老觀眾設計階梯式獎勵規則。

除了設計合理的老觀眾獎勵機制以外，直播主也可以將新觀眾的獎勵設定為隨機獎勵，如最高獲得一百元無門檻優惠券等。直播主可以透過控制優惠力道和中獎比例來控制活動成本。

邀請有禮活動的宣傳效果與直播主的設計方式密切相關。直播主在舉辦該項活動時，一定要使用好各種小技巧，這樣才能夠將活動的宣傳效果最大化。

9.4 觀眾揪團：引流型產品助力觀眾數量增長

以優惠著稱的揪團活動能夠激發觀眾的購物熱情，促使其積極分享揪團，吸引更多人參與到活動中。因此，直播主可以改變銷售形式，組揪團活動。

劉暢是某平台的知名直播主，透過長期的直播累積出一些忠實觀眾。直播間的銷售數據也十分亮眼。為了進一步提高直播間的銷量，二〇二一年「雙十一」前夕，劉暢決定舉辦一次揪團活動，藉節日之機激發觀眾的購物熱情。於是，劉暢在十一月五日的直播中預告「雙十一」當天的揪團活動，活動規則如下：

1.「雙十一」當天以2人團的方式舉辦揪團活動，激勵觀眾迅速搶購。

2. 設計優惠梯度，買得越多，優惠越多。例如，觀眾購買某彩妝套組，1套的價格為499元，2套的價格為899元。

3. 十一月十一日當天，消費額最高的觀眾將獲得店鋪贈送的價值999元的美白套組。

4. 在揪團活動中，如果老觀眾帶動新觀眾前來參加揪團活動，那麼老觀眾將會獲得額外的紅利回饋優惠。

除了發送活動規則之外，劉暢還在直播中詳細地為觀眾講解參與揪團活動的產品種類、與平時相比的優惠力道等，進一步帶動觀眾揪團購買的積極性。

透過預告超值優惠的揪團活動，劉暢的直播間吸引大批觀眾，在「雙十一」當天，揪團活動一開始，店鋪的銷量就節節攀升。為了進一步刺激觀眾的購物慾望，劉暢還在直播間以「觀眾暱稱＋所購產品名＋數量」的形式實時曬出觀眾的購物清單。這種行為大大活絡直播間的氣氛，也促使更多觀眾積極揪團下單。

此次活動結束後，劉暢的店鋪在十一月十一日當天的銷量是平日的三倍，觀眾回購率也大大提高。

9.5 浪潮式發售：環環相扣的成交流程

浪潮式發售是一種有流程、有節奏、一環扣一環的成交方式，主要是在產品發售前透過一系列預告、預售活動宣傳新產品，以吸引客戶注意。在直播的宣傳預熱階段，我們也可以採用浪潮式發售，為直播活動造勢。

以我做的魅力演講峰會時二小時直播為例，我們在直播前三個月就開始進行浪潮式發售，將朋友圈、社群、團隊組織的學員都挑動起來，讓他們關注七月三十日的直播活動。流程分為四個階段：

(1) 流量引流

足夠的流量是浪潮式發售的基礎，如果沒有足夠的關注度，就很難有勢能做發售，也很難成交。因此，為了讓七月三十日的直播活動能有更多人關注，我們從五月開始就進行社群交付，在社群中教學員如何演講、直播，如何設計線上產品。很多學員在這個過程中受益匪淺，有些學員甚至透過二十一天的私密訓練，只用一個多月的時間就運用小課程變現近六萬元。

透過這個階段的實用內容輸出，我們成功吸引學員們的注意。很多學員瞭解到我們課程的獨特價值，而且這些價值是他們在其他管道買不到的。學員把我的課程推薦給他們身邊的朋友，由此一來，關注我們直播的人也越來越多。

(2) 留存

吸引足夠多的流量後，下一步就是留存，並保證這些關注直播的人能準時觀看直播。我們在這個階段繼續向學員輸出實用內容，教他們一些有價值的小竅門、小技巧，然後列舉一些實際案例，並解答他們的疑惑，告訴他們為什麼一定要聽我們的課程。這時，不管是老學員還是新學員，都從中獲得了價值，更加認同我們的課程。

七月三日時，我們內部召開一次部門會議，確定七月三十日十二小時直播的主題（「萬人魅力演講直播峰會」）及關鍵節點，包括籌備期（七月十八日～七月二十日）、宣傳預熱期（七月二十一日～七月二十九日）、發售期（七月三十日）、追銷期（七月三十一日～八月一日）。

這次會議梳理直播前最後一個月的預熱流程，提供部門同仁非常好的參考，明確各個節點的工作和既定目標，保證在正式直播前熱度都不會消退。

此外，我們在七月十日時進行一次演講成交的線上課程。當時，我在直播中說我在七月底要做一場直播，希望大家跟我一起學習，內容包括在線上怎樣做成交、怎樣招募第一批團隊等，目的是輸出一部分實用內容，讓學員能留存到七月三十日。

(3) 賦能

在整個直播預熱的過程中，我們一直在向學員賦能，即讓他們瞭解我們的課程有什麼內容、能提供什麼價值。這個賦能在七月的線下課中達到頂峰。

七月十五日~七月十七日，我們舉辦三天的線下課程。參與成員主要是最高階的學員，演講內容是私教課程的內部密訓。很多學員覺得課程內容非常受用，當場就決定支持七月三十日的直播。

這個效果同時也說明：我們做流量直播，要提前花大量時間給學員足夠多的實用內容，讓他們學到東西，真正覺得我們的內容對他們有幫助，這樣他們才會幫助我們裂變；而不是只依靠福利或獎學金吸引學員，沒有實力給學員提供實用內容是做不長久的。

(4) 裂變

做完這三天的線下課程之後，我們的團隊就已經組好，這些學員成了裂變的主力。加上我緊急錄製的宣傳短影片，進一步擴大傳播範圍，提升了直播預約率。

七月二十日～七月二十五日是集中預約的時間，我們達成一萬二千人的預約量。但是，這時又出現一個新問題。我們發現預約和進社群的人數不成正比，雖然後台顯示有一萬二千人預約直播，卻只有六百人加入社群。為了進一步吸引學員加入社群，我們進一步設計邀請進群的獎勵：邀請五人入群，可以獲得洳冰成長教育年度暢銷訓練營價值一九九元的「演講成交力」；邀請十五人入群，可以獲得洳冰成長教育內刊《人生句本》限量版實體書。

這樣的策略吸引很多學員邀請朋友入群，我們僅用五天時間就建立近五十個社群，成功保證直播預約人數和加入社群的人數持平，讓七月三十日的直播有了足夠的流量累積和熱度。

社群的熱度是維持一場長達十二小時直播的勢能，只有熱度足夠高，十二個小時的直播才不會冷場，我們才可能賣出上千元甚至上萬元的課程。如果沒有做這三個月的預熱準備，沒有足夠的熱度作為勢能，那麼即使是一九．九元的課程也未必可以銷售出去。

經過前二個月的鋪陳以及整個七月的關鍵節點預熱推動，我們在七月三十日的萬人魅力演講直播峰會活動大獲成功，達成六百多萬元的預售成績。

10 打消顧慮 如何引導觀眾快速下單

很多直播主在直播過程中都遇到過這種情況：即使已經反覆強調產品的優點，觀眾也表現出一定程度的興趣，但他們就是不肯立即下單，依然在觀望。而觀眾表現出觀望態度一般是出於以下幾種顧慮：產品價格較高，超出預算；產品的功能不夠全面；產品的可替代性強等。因此，直播主要學會從多個角度出發，透過預設情境、巧設報價、明確產品優勢等多種方式，打消觀眾的顧慮，引導觀眾快速下單。

10.1 預設情境：激發觀眾的購物熱情

如果直播主推銷的產品能夠滿足觀眾的需求，那麼產品的這個特點自然會成為產品的賣點。直播主需要加強產品的賣點，激發觀眾的購物熱情，提高產品的銷量，如圖 10-1 所示。

(1) 加強賣點，淡化產品的痛點

心理學中有一種光環效應，即當一個人的優點足夠多、足夠耀眼時，他的一些不足便會被掩蓋。對於直播銷售來說也是如此，直播主可以透過反覆強調產品的賣點來淡化產品的不足。例如，一位直播主正在推銷某款高端耳機，該款耳機的價格昂貴，但是性能十分優越。此時，直播主就可以透過反覆強調這款耳機的優越性能，展示該款耳機的高性價比，這樣就能夠淡化該款耳機單價高的不足。

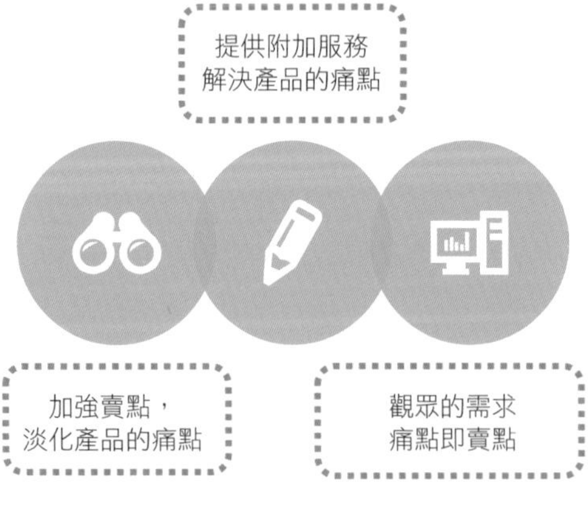

圖 10-1　將痛點轉化為賣點的方法

(2) 提供附加服務解決產品的痛點

除了強化產品的賣點之外，直播主也可以透過增加產品的附加服務來淡化產品的不足之處，讓附加服務成為產品的新賣點。

例如，一位直播主向觀眾推銷一款飲水機，並且承諾如果因飲水機自身的問題導致飲水機的濾芯使用壽命變短，觀眾可以聯絡客服免費更換濾芯，並且憑訂單截圖，觀眾還能夠得到每半年一次的濾芯清洗服務。

直播主後續提供的附加服務建立在預設飲水機出現品質問題之上，使可能存在的飲水機品質瑕疵問題得到解決。而提供免費更換和免費清洗這兩項附加服務也加進後續的產品銷售中，很多觀眾聽說這兩項服務後都表示會優先考慮這個品牌。

(3) 觀眾的需求痛點即賣點

直播主可以根據觀眾的痛點調整產品的賣點。這時直播主需要放大觀眾的痛點，強化觀眾對產品的需求。

例如，直播主在向觀眾推薦蘋果藍牙耳機時，就透過放大觀眾的痛點，強化產品的賣點。有人戲稱藍牙耳機會慢慢地丟乾淨，先丟一邊耳機，再丟另一邊耳機，最後充電盒也丟了。因此，對於用戶而言，藍牙耳機最大的痛點就是容易丟失。

針對這個問題，直播主在推薦蘋果的這款耳機時著重強調它獨有的警報功能。例如，當兩個耳機的距離超過三公尺時，該耳機就會在手機上發出提示，這就能夠大大避免耳機丟失的問題；或者當用戶不慎把整副耳機丟落在某處，它會透過獨有的GPS定位系統，透過手機向用戶反映耳機當前所處的位置。該直播主正是透過預設耳機丟失的情境，不動聲色地解決觀眾的需求痛點。

10.2 巧設報價：玩轉報價「攻心計」

直播主在報價時可以運用多種方式給觀眾一些新鮮感，也可以透過懸念式的報價激起觀眾對產品的好奇心，讓觀眾積極參與到直播互動中。直播主在報價時只要能夠把握觀眾的心態，抓住觀眾的重點需求，滿足觀眾追求實惠的心理，就能夠挑起觀眾的積極性和參與熱情，讓觀眾願意下單。

(1) 設定產品的錨點價格

直播主要想讓觀眾認為產品物有所值，那麼就要為產品設計錨點價格。錨點價格可以讓觀眾對產品現在的價格有一個正確的認知。

實際上，設計錨點價格是運用價格對比策略，設定一個可供參考的更高價格，讓觀眾感受到產品在直播中的銷售價格更加實惠，進而促使觀眾下單。

例如，直播主在直播中向觀眾推薦某戶外用品品牌的最新款登山鞋，但他沒有直接拿出鞋子報價，而是透過引導觀眾討論戶外運動，將話題引到登山，進而讓大家思考市面上的登山鞋價格範圍。在確定五百元左右的價格範圍後，該直播主拿出二九九元的新款登山鞋並反覆強調其原有價格，宣稱如果在十分鐘內下單還會再減五十元。

對於知識付費類直播主來說，他還可以設定一些不賣的價格。例如，某位直播主是專做企業服務的，他的課程價格基本在三萬～五萬元，但他還有一項課程的價格是每年一百萬元，並且不會出售。那麼，他為什麼會推出一項不會出售的高價課程呢？原因在於他掌握了觀眾追求實惠的心理。

觀眾在看到這位直播主推出一百萬元的課程後，就會認為這位直播主既然能夠推出價格如此高昂的課程，自然品質有保證，那麼自己購買的三萬元課程想必也是物超所值，十分划算。這位直播主就是透過設定錨點價格，讓觀眾在心中對自己銷售的產品有初步的價值判斷。

直播主在報價時設定產品的錨點價格，使觀眾感受到自己現在購買該產品能獲得實際優惠，觀眾自然會願意下單，直播間的銷售額也就會提升。

(2) 大牌平價替代款

產品的品質往往與其價格成正比，這意味著一款高品質的產品並沒有什麼價格優勢。這時，如果直播主想讓觀眾迅速認識到該產品的價值並願意為其買單，不妨尋找一些同類的大牌產品與自己的產品進行對比。

大牌產品對於觀眾來說耳熟能詳，觀眾對其價格、品質、性價比都有清晰的認識。如果觀眾能夠意識到這款產品有媲美大牌產品的品質，卻有著更低廉的價格，那麼直播主報出的價格即使稍高，也能夠很快被觀眾接受。因為大牌產品的價格和直播主所推銷產品之間的價格差距，能夠使觀眾迅速發現直播主所推銷產品的高性價比。

例如，完美日記的直播主在直播推銷口紅時經常會與其他大牌口紅對比：

「這支口紅的顏色和 YSL 某色號的顏色幾乎一模一樣。」

「這不就是 TF367 號的顏色嗎？」

TF 與 YSL 都是口紅中的大品牌，直播主透過將自家口紅與其對比，更能夠凸顯完美日記的優越性價比。

當然，直播主在宣傳大牌平價替代款產品時也需要注意，不能隨意講某件產品就是大牌產品的平價替代款。如果直播主所推銷產品的功效與直播主宣稱該產品能夠替代大牌產品的功效相差太多，那麼直播主就會失去觀眾的信任。直播主要想宣傳一款產品是大牌平價替代款產品，就必須以事實為根據。

(3) 不要先亮底價

在介紹某件產品時，如果直播主一開始就把折扣後價格告訴觀眾，就相當於亮出自己的底牌，把選擇權交到觀眾的手上。而產品的價格過低並不一定能夠吸引觀眾購買，反而會令部分觀眾對產品的品質產生懷疑。

任何產品都是先有價值，後有價格。直播主想以理想的價格把產品賣出去，就要讓觀眾認可產品的價值。在這個過程中，直播主要適當地製造一些緊張氣氛。例如，「這件產品的原價是3000元，現在在直播間下單只需2680元！但是，我還為各位觀眾爭取到300元的降價福利，也就是說只需要2380元的底價就能拿下！如果有誰想要以底價拿下這件產品，就在直播間打『111』，讓我知道你想要這件產品。」

如果有觀眾打「111」，那麼直播主就可以放出一部分二三八〇元的連結讓觀眾搶拍。實際上這就是做底價的一種策略，不要上來直接報底價，而是透過與觀眾的互動亮出產品底價。這樣既活絡直播間的氣氛，又能夠促成更多的訂單。

10.3 明確優勢：讓觀眾覺得物超所值

直播主在推銷一款產品時，不要一開始就把產品的價格報出來。在觀眾還不瞭解產品的情況下，直播主報出產品的價格會讓觀眾心中沒有衡量的標準，進而失去比較的興趣。同時，一旦觀眾先瞭解產品的價格，再聽直播主介紹產品時也會不斷地拿該產品和其他同等價格的產品對比，而這樣的對比往往會使觀眾更加挑剔，對產品的價格產生異議。

所以，直播主應該先向觀眾介紹產品的優勢，在觀眾對產品有足夠的瞭解之後再對產品進行報價，讓觀眾在心中有一個衡量的標準。

例如，抖音健身直播主「安娜健身」擁有幾百萬粉絲，她在推銷自己的健身課程時並沒有直接報價，而是在直播過程中先帶領觀眾做燃脂運動，讓觀眾感受到跟著直播主做運動的效果遠比自己運動要好後，再細心地帶領觀眾做肌肉拉伸運動，講解各個細節、技巧。同時，安娜還會為觀眾講解健身的重要性。

此時，觀眾已經完全瞭解跟隨安娜健身的好處。所以，當安娜最後提出今天這套燃脂課程的售價為四九九九元，可上三十堂課的時候，觀眾已經能夠接受這個報價了，有購買意願的人也會增多。安娜的健身課程除了有鍛鍊指導的內容，安娜還會在課程中為觀眾講解各種健身的技巧，以及如何進行健康的飲食搭配。

細心、全面地講解內容正是安娜健身課程的優勢，一旦觀眾建立這個意識，他們對產品的價格就會放鬆要求。

花一份價錢買多種服務，在課程銷售領域中讓觀眾感到物超所值的這種方法最常見。例如，現在在知識付費類直播主中流行一種促銷策略——辦理年卡。

我在二〇二一年做訓練營課程時，年卡的價格是一九八〇元。如果觀眾提前預約，可以再減九八〇元，並且還會獲贈十盒共計九九〇元的面膜。當時的促銷效果非常好，因為對於觀眾來說，這相當於花一千元買到原價一九八〇元的年卡，這就是物超所值。實際上，這對於我來說也是一種打組合牌的策略。當然，我並不會因為贈送很多東西而虧本。

總之，在讓觀眾覺得物超所值的同時，直播主自己也要注意控制好成本，不要一味地虧本贈送服務或產品。

10.4 學會共情：讓成交量爆發式增長

容易被記住的直播主，都是會充分挑動觀眾情緒的人。充分激發觀眾的想像是一種挑動情緒的有效方法。例如，直播主可以這樣說：「想像一下，如果你現在……」在要求觀眾開始想像後，直播主需要給觀眾幾秒鐘的時間，讓他們創造出一個想像中的情境。

外行的直播主只關注視覺，而專業的直播主則要求觀眾在想像時開啟自己的所有感官，包括視覺、嗅覺、聽覺、味覺等。此外，直播主還可以把觀眾帶入故事，或者鼓勵觀眾設想自己未來的生活，引爆觀眾的情緒點。

例如，某直播主在推銷某品牌洗脫烘一體的洗鞋機時說道：「你晚上下班回家時，可以直接將鞋子放進洗鞋機裡。這樣你原本用來刷鞋的二十分鐘就可以多和家人交流感情，如幫你的太太洗洗碗、和孩子拼拼積木。在這二十分鐘，你還可以給遠在老家的父母打個視訊電話，聊聊近況，這樣的情境真是想想就很幸福。所以，你不要覺得 1088 元的洗鞋機不值得，1088 元能夠換來多少與親人交流的時間啊！」

直播間的觀眾聽到直播主的描述後會十分感動，心中的天秤最終也傾向親情。相比親情，一〇八八元的價格又算得了什麼呢？最終，這款洗鞋機的銷量十分可觀。

這位直播主引發觀眾共情的關鍵在於善用「脆弱的力量」，以此挑起觀眾的情緒，觸碰觀眾心中最柔軟的部分，透過相同的體驗引發共情。所以，直播主要把自己變成情緒的代表，讓觀眾一想起這個情緒就能想到自己，使自己成為在他們心中印象深刻的存在。直播主在激發觀眾的情緒時一定要換位思考，用自己的思緒覺察、挖掘觀眾的情緒和心理變化，並進行分析和總結。

直播主要重視觀眾的情緒和體驗，用真誠的情感影響觀眾，絕不能亂搞噱頭，欺騙觀眾；否則不僅會讓觀眾不滿，還可能損害自己的形象。在如今資訊快速傳播的時代，直播主更需要嚴格注意這一點。

其實，共情效應在我們的生活中應用得十分廣泛。對於直播主來說，直播不是說給自己聽，而是說給觀眾聽。因此，直播主要在直播前做好準備，瞭解觀眾的基本情況，揣摩觀眾的心理，盡量滿足觀眾的需求，為觀眾營造良好的氛圍，做到有趣、有理，讓觀眾喜歡你的直播。

10.5 預付定金：大幅縮短觀眾猶豫的時間

很多觀眾在最終下單前會猶豫不決，這時直播主就要趕緊提出讓觀眾付款，以防觀眾在猶豫過後失去購買的慾望。

有時候直播主推銷的產品是預售商品，可能直播主在介紹產品時有很多觀眾都會表達購買意願，但等產品上架後這些觀眾的購買慾望已經減弱，因此真正下單的觀眾並不多。

以在視頻號直播賣貨的直播主「大唐果蔬」為例。「大唐果蔬」是一個農民創業帳號，它的直播通常由粉絲稱呼「唐大哥」的唐某和其家人經營。「大唐果蔬」店鋪中的水果幾乎全是來自自家果園，每到一種水果成熟的前夕，唐大哥都會在直播間預告即將上架的水果。

二〇二二年六月初，果園中的富士蘋果即將成熟，唐大哥在直播間詳細介紹富士蘋果的優點，並向觀眾預告蘋果的上架時間：「我們家的蘋果正在採摘打包中，會在十五天後上架。到時候，大家一定不要忘記購買。」令唐大哥感到意外的是，雖然看直播的許多觀眾都表明自己的購買意願，但是蘋果上架後的銷量並不理想。

在經過反思後，唐大哥認為蘋果銷量不高的原因就在於自己在直播時並未及時滿足觀眾的購物衝動。一個月後，果園裡的沙地板栗紅薯快要成熟了。在這次進行預售直播時，唐大哥除了介紹沙地板栗紅薯的品種、特點之外，還在直播間放上預售連結：「沙地板栗紅薯將在五天後上架，想購買的朋友可以點擊連結預付定金。現在預訂的，在紅薯上架後將會優先出貨。同時，預付定金還會享八折優惠。大家快來預訂吧。」

經過這樣的宣傳，直播間的許多觀眾紛紛預訂沙地板栗紅薯，支付定金。在正式上架後，已經支付定金的觀眾自然不會讓定金白白損失掉，於是都痛快地支付尾款。

對於做知識付費的直播主來講，他們也可以採取預付定金的形式。不同的是，他們可以將預付定金後的溝通變為一對一的成交情境。例如，某個課程的售價為二萬元，面對這個價格，絕大多數觀眾都會很猶豫。此時，直播主就可以推出一千元的預付定金連結，讓有意願的觀眾能夠先用一千元的定金保留名額。然後，直播主在接下來的時間和預付定金的觀眾進行一對一的溝通，為觀眾做一個詳細的課程內容介紹和諮詢，在諮詢的過程中充分展現課程的優勢，讓觀眾主動補上尾款。

這種模式的成交率是很高的，因為願意購買知識產品的觀眾關心的問題也更詳細、更全面，直播主透過主動一對一的溝通環境能夠充分照顧到觀眾的需求。

因此，直播主在直播銷售中要時刻把握觀眾的購買慾望。一旦觀眾表現出強烈的購買慾望，直播主就要立刻乘勝追擊，讓觀眾支付定金或全款，不能給觀眾留太多的考慮時間。這樣能夠最直接減少觀眾猶豫的時間，提升產品的成交率。

10.6 售後保障：消除觀眾的後顧之憂

很多觀眾認為在直播間購買的產品不可靠，一旦出現品質問題，退換貨過於麻煩。特別是價值不菲的課程、珠寶等產品，退換貨還非常影響心情。

此外，在直播間由於燈光、背景、直播主展示手法等技巧，會使產品非常吸引人，觀眾對產品的預期也很高。但是等商品拿到手之後，觀眾會發現實物與直播間展示的還是有一定差距。

以上顧慮導致很多觀眾只在直播間看直播主展示產品，聽直播主介紹產品，無論多麼動心都不會下單。

針對有這種想法的觀眾，直播主要對症下藥。如果觀眾覺得到手的實物與直播間展示的不符或出現品質問題，那就可以聯絡直播主或客服無條件退換。

例如，某直播主在直播間主要銷售自家附近產地的原生瑪瑙，他在直播間打出標語：承諾一件免運費，七天無條件退換貨。同時，他也在直播間向大家解釋：「由於瑪瑙原石屬於純天然礦石，只經過簡單加工，所以肯定會含有一些雜質。另外，我的直播間不開濾鏡，但是由於光線問題，實物會比我展示的顏色更深一些，希望大家能夠理解。大家可以錄製開箱影片，如果到手就發現產品有品質問題，如裂紋、缺角、坑洞等，與直播間看到的不符，那麼聯絡客服或在直播間直接找我，我免費為大家退換貨。」

這位直播主並沒有因為要促成觀眾下單完成交易而盲目承諾售後保障，而是有理有據地向觀眾說明哪些情況屬於無條件退換貨的範圍，並且向觀眾解釋收到產品後可能出現問題的原因。這種做法既為觀眾提供可靠的售後保障，也讓觀眾感到直播主的專業性和嚴謹性。而且，這位直播主還在直播中向大家展示他的線下實體店，讓直播間的觀眾再次感到這位直播主是可靠的，那麼他的產品也一定差不了。因此，僅在週末兩天內，該直播主直播間的銷售額就突破十萬元。

但是，直播主需要注意在保障觀眾利益的同時，也要保障自己的利益。特別是對於知識付費類直播主來說，知識產品一經售出，後續的售後保障較普通產品更為複雜。

例如，有觀眾購買一千元的課程，但是兩天後他要求把課程退掉。因為他已經看完或將課程錄完，一旦退課成功，他就相當於不花一分錢獲得一千元的課程。實物產品的這種無條件售後保障會損害知識直播主的權益，知識直播主不能夠為了賣出課程而無底線地損害自己的權益。所以，知識付費類直播主在向觀眾做出保障承諾前，要先找到相關法律人士做課程權益保障的審核，既要保護觀眾的權益，也要保護自己的權益。

為了打消觀眾的顧慮，促成觀眾下單，提高交易額，直播主提供售後保障本是一件好事。首先，直播主要保證自己的產品貨真價實。例如，在直播間不開濾鏡，以最真實的情境展示產品，避免過度美化產品，誤導觀眾。其次，直播主要依據實際情況做出售後承諾，不要誇大其詞，否則最後只會讓觀眾產生不愉快的購物體驗，影響自身的口碑。

11 促銷策略

多種組合模式 直擊觀眾心靈

促銷是銷售中的一種常用方式。促銷的核心是買賣雙方的資訊溝通，賣方透過語言說服、情緒感染等方法刺激買方的消費慾望，使其產生購買行為。而透過不同的銷售管道銷售不同的產品，賣方所採取的促銷策略也不盡相同。

在產品直播銷售過程中，促銷策略有很多種組合模式。只要直播主選取策略得當，總有一種促銷方式能打動觀眾的心。好的促銷策略往往能夠提高觀眾的下單率及粉絲轉化率，同時，為直播主帶來十分可觀的銷售額。

11.1 同款促銷：《夢華錄》同款引爆直播間

同款促銷在直播銷售領域最常見，它是最容易被掌握，同時也是效果最快的一種促銷方法。簡單地講，同款促銷是指直播主借助演員、運動員、歌手等具有一定粉絲基礎的知名人士熱度，對他們的相關服飾、護膚品等產品進行銷售的一種方式。此外，直播主還會抓住一些當下熱播的影視劇或電影熱度進行同款促銷。這樣不僅能提高店鋪的產品銷量，還能在一定程度上提升店鋪的氣質和等級。

例如，熱播電視劇《夢華錄》就因為其中演員精湛的演技、流暢的劇情、精美的畫面等優點吸引眾多粉絲，其熱度也居高不下。很多直播主都敏銳地意識到《夢華錄》中蘊藏的商機：精緻的點心、華麗的衣裙、古樸的茶具等，這些都能夠在現實世界中實現「復刻」。

在視頻號平台直播的直播主「美物小計」就藉《夢華錄》的熱度先發送「當《夢華錄》遇見中國十二色」等影片，獲得十幾萬人的按讚。直播主在直播中為觀眾講解中國古人的日常生活，包括茶飲、膳食、家居、把玩物品等知識，最後推出主角——《古人的日常生活》這套書。

「這套書共有5本，是百家講壇強烈推薦的，裡面內容扎實，有1000多張珍貴的影像插畫，都是大家之作。而且，對於喜歡《夢華錄》的觀眾來說，這套書可以說是《夢華錄》大全。從女主角穿的衣裙、戴的首飾，到她開的茶樓、吃的茶點，這裡都有詳細介紹。大家可以買回去看看，自己也能對照著做出同款。」

一時之間，直播間的觀眾紛紛下單。大家都覺得花幾百元就能夠瞭解古人的生活，還能製作《夢華錄》同款茶點，是十分值得的一件事。

雖然同款促銷能為直播主帶來龐大的收益，但能夠藉演員或影視劇的熱度進行帶貨的只是部分產品。直播主在進行帶貨時需要注意以下幾點，如圖 11-1 所示。

- 一　緊跟時事熱門話題
- 二　選對產品
- 三　實事求是的態度
- 四　注意版權問題

圖 11-1　同款促銷的注意事項

首先，直播主要想進行同款促銷，就一定要對時事熱搜有足夠的瞭解。例如，當下最受歡迎的明星是誰、當下的熱播劇是哪部等。

其次，直播主要選對產品。以《夢華錄》為例，銷售服裝的直播主可以選擇銷售劇中演員的同款服裝，銷售首飾的直播主可以選擇銷售劇中的同款戒指、項鍊等。但是，銷售巧克力的直播主就無法與《夢華錄》這部古裝劇硬串一起。所以，無論銷售什麼產品，直播主一定要讓自己的產品和想要蹭到的熱搜產生連結，這樣才能達到最有效的同款促銷。

第三，直播主一定要有實事求是的態度。有些直播主為蹭熱度，甚至會選擇弄虛作假，對產品的展示圖片進行美化，欺騙觀眾以達到同款促銷的目的。觀眾在收到產品時才發現和所謂的同款相差甚遠，可能會選擇退貨或投訴直播主，甚至運用法律武器維護自己的權益。而直播主也會陷入法律糾紛中，得不償失。因此，直播主切不可為了一時的利益而弄虛作假，在損害自己聲譽的同時讓自己陷入法律的困境中。

最後，直播主一定要注意版權問題。如果只是利用影視劇或演員的影響力帶動相關的周邊產品，這並不涉及版權問題，但如果是針對其他帶貨直播主進行模仿帶貨，那就會牽扯到版權問題。

例如，某直播主推出自己的創業知識課程，十節課的售價為一九九九元，銷量很好。但一段時間後，該直播主發現課程的銷量突然下降。有不少學員向他反映，有另一位直播主在直播間推銷與他類似的課程，十節課只需要九九九元，很多人都購買這位直播主的課程。

該直播主經過對比後，發現另一位直播主的課程完全是在自己所售課程的基礎上進行二次加工而成的，幾乎與自己的課程一模一樣。而且，由於對方的成本更低，大打價格戰，購買對方課程的觀眾更多，甚至有不少人認為自己這個原創是贗品。最終，該直播主採取法律武器維護自己的合法權益，但自己的事業也因此受到很大影響。如果在推出自己的創業知識課程前做好智慧財產權保護，那就會省去不少麻煩。

11.2 滿額促銷：滿額贈與滿額折扣雙管齊下

滿額促銷也是一種常見的促銷方式，一些帶貨直播主經常使用這種促銷方法。滿額促銷主要有兩種執行方式：一種是滿額贈，通常是消費者消費累積到一定額度即可免費獲得特定的贈品，贈品一般為經濟實用型產品，性價比高；另一種則是滿額折扣，即消費到一定額度就可以在該額度上獲得折扣額度。

(1) 滿額贈

滿額贈的促銷方式可以提升觀眾的購買力。很多觀眾看到直播間有「滿額贈」的活動，都會選擇為了贈品而湊夠額度。

例如，某直播主在直播間推銷蘭蔻七夕禮盒時，就向觀眾宣稱只要在直播間單筆消費滿八百元，就可以獲贈一隻迷你唇膏和蘭蔻王牌體驗裝，單筆消費滿一千二百元贈王牌家族系列產品。而原價為七百六十元的七夕禮盒離八百元只差四十元，但直播間的其他產品大多為二五〇～五〇〇元，觀眾再任意加購某件產品，就會讓總價超過八百元，這時觀眾購買產品的總價與一千二百元僅相差不到二百元。因此，很多觀眾都會選擇買兩個七夕禮盒，或購買一個七夕禮盒再購買其他產品，湊足一千二百元。

當然，直播主在舉辦滿額贈活動時要選擇合適的贈品，透過贈品拉近與觀眾的距離，贏得觀眾的好感。所以，贈品一定要經濟實用，貼近觀眾的需求。該直播主贈送的全部為蘭蔻旗下的護膚品，而這也是購買七夕禮盒觀眾的剛性需求品。如果該直播主贈送的是一本插畫書、一顆小盆栽，那麼觀眾很難會因為這些無關緊要的贈品而動心。

(2) 滿額折扣

滿額折扣是透過給觀眾現金減免的方式，讓觀眾感到自己享受了折扣，得到了優惠。例如，某直播主在直播間向觀眾推薦草莓熊玩偶時介紹：「15公分高的草莓熊98元一隻，35公分高的220元一隻，45公分高的358元一隻。郵資10元，滿199元免運費。而且，今天在直播間消費滿300元就可以減50元。直接截圖聯絡客服修改訂單金額即可！當然，草莓熊越大，它的草莓香味越持久，手感也越好。」觀眾只需要花三〇八元，就可以免運費得到一隻四十五公分的草莓熊。

通常情況下，滿額贈與滿額折扣兩種方式是組合使用的。在該草莓熊滿額減活動中，直播主還宣稱消費滿二九九元即加贈一隻限量版維尼玩偶。因此，大部分觀眾都會購買四十五公分的草莓熊。因為這樣可以享受免運費服務，同時獲得減免金額，還會擁有一隻「0元」購買的新玩偶。相比之下，這種方案最划算。

11.3 聯動促銷：買一個產品獲得兩種服務

聯動促銷是指觀眾購買A直播主直播間的產品，可以獲贈B直播主直播間的產品。這種方式可以帶動兩個直播主的產品銷量，並且可以達到雙向引流的效果，我就經常使用這種方法。

例如，觀眾購買我的一九九元「演講成交力」課程，就可以獲贈我學員直播間的一九九元課程；或者購買我學員的一九九元課程，就可獲贈我的課程。對於觀眾來說，這就是花一份錢獲得兩種服務，是十分划算的。

我在做十二小時直播時就和我的很多私教班學員進行連線，娜家整理的創始人李娜老師就是其中之一。目前，李娜老師在整理收納領域是數一數二的導師。我在和她連線時，她剛好在給她的線下班學員上課，所以也給我直播間的觀眾展示她的工作情況，同時詳細介紹了她的專業。這種連線現場是很真實的，無法造假，觀眾可以直接感受到李娜老師的專業性，如圖 11-2 所示。

李娜老師也在直播間介紹她的一款整理收納課程，觀眾只要花八九九元就可以在線上跟著她學習整理收納。但是，很多我的直播間觀眾不瞭解李娜老師的課程究竟怎麼樣，所以我就說只要在我的直播間支付二千元預定我的課程，就可以獲贈李娜老師八九九元的整理收納課程。這樣一旦觀眾在學習贈送課程後發現效果不錯，就會再去李娜老師的直播間購買其他高階課程。對於李娜老師的課程來說，這

圖 11-2　與李娜老師聯動促銷

就是一種無形的推廣。

我是知識付費類直播主，但我的學員有些是帶貨類直播主，其實二者之間也可以進行聯動促銷。我的私教班學員 Cici 是護膚品類帶貨直播主，在我和她連線時，凡是在我的直播間預付定金二千元的觀眾都可以獲贈 Cici 直播間的一套客製護膚品，如圖 11-3 所示。這實際上是一種跨領域的聯合推廣，效果也很顯著，我直播間的很多觀眾都去 Cici 的直播間詢問客製護膚品的問題並下單。

此外，因為我的課程屬於高端客製課程，所以觀眾在下單時還可以獲贈個人品牌導師豪哥的價值五千元課程服務。這份課程是一對一的專屬客製服務，每次服務一小時起。很多觀眾都說為了這份課程服務，也要購買我的課程。

圖 11-3　與 Cici 進行聯動促銷

聯動促銷的優點是觀眾涵蓋範圍大，在維護老觀眾的同時也可以吸引新觀眾。如果直播主一直在直播間介紹自己的產品，難免形成單向輸出的局面，而與其他直播主連線以舉辦聯動促銷，則不失為活絡氣氛、雙向引流的好方式。同時，聯動促銷還有助於加強觀眾對雙方產品的瞭解，拉近直播主與觀眾的距離，達到讓利觀眾的目的。

11.4 限時促銷：限時讓觀眾有緊迫感

限時促銷是指在特定的時間內降低產品的價格，以特定時間段的超低價位吸引觀眾的注意，並促使觀眾購買產品的促銷方式。「1小時內下單，立減100元！」、「前10分鐘內付完尾款，立即返還200元現金優惠券！」這些都是典型的限時促銷方式。

為了激發觀眾的購物熱情，直播主在使用這種方式時要適當增加產品的優惠力道。例如，在直播限時促銷中，店鋪原價或九折的產品可以降價到七折，促使觀眾下單。

此外，直播主還可以採取倒數計時法，營造緊張氣氛。以前我在直播間就用過這樣的方法。我會放一些烘托緊張氣氛的音樂，然後告訴觀眾：「還有10秒，本次限時促銷就會結束，我的優惠產品就會下架。所以，不想錯過優惠的觀眾一定要立刻下單！」然後，我就會開始開倒數，十秒後就將產品下架。

圖 11-4　限時促銷活動的注意事項

這裡需要注意，說好十秒下架，就是十秒下架，要讓觀眾知道我是一個言而有信的人。如果我說十秒後下架，卻始終掛著連結，如此幾次下來，觀眾就不會拿我做的限時促銷當一回事，他們會覺得這個優惠隨時都有，自然就不會立刻下單。

當然，舉辦限時促銷活動也是需要一定的技巧。直播主在進行限時促銷活動時需要從以下四方面入手，如P.245圖11-4所示。

(1) 活動準備

直播主在進行限時促銷活動前需要做好活動準備工作，包括設定活動時間和具體的促銷方式，以及制定應急預警機制。電商平台對限時打折促銷也有一定的要求，直播主必須瞭解和熟知相關的規則，才能保證活動的順利設計和舉辦。

(2) 活動造勢

一般而言，帶貨直播主要想取得滿意的促銷效果，就需要為限時降價活動營造聲勢。被吸引進入直播間的觀眾越多，潛在的消費者就越多。因此，帶貨直播主需要充分利用微博、微信公眾號、QQ群等各種管道宣傳限時促銷活動，擴大活動的知名度，讓更多觀眾看見並參與到活動中。

知識付費類直播主更適合使用企業微信進行造勢。因為企業微信不但可以做到一對一群發訊息，還可以在觀眾的朋友圈中顯示訊息，對於直播主來說能夠顯著減輕工作負擔。

(3) 客服安排

在進行限時促銷活動期間，店鋪的詢單量會大幅增加，客服也會承受較大的壓力。所以，直播主要提前安排好客服人員，以確保觀眾能在第一時間得到回覆，提高觀眾購買產品的效率。

(4) 細節把握

直播主在進行限時促銷活動時最好將時間限定為一～二小時，觀眾才會有一種緊張的心態，從而快速做出購買產品的決定。另外，直播主在舉辦完限時促銷活動後，還需要做好產品的售後工作，增強觀眾的購物黏著度。

11.5 限量促銷：當機立斷，迅速下單

限量促銷是限定式促銷方式之一，目的是打消觀眾下單前的疑慮，使觀眾當機立斷，迅速下單。這種方法運用人們認為「物以稀為貴」的心態，在生活中的例子比比皆是。例如，國家級保護動物大熊貓之所以身價不菲，被稱為中國國寶，是因為全世界只有中國擁有並且數量稀

少。

在直播間內，觀眾的心理也同樣如此。如果直播主告知觀眾產品所剩無幾，馬上售罄，那麼觀眾會很快結束猶豫，購買產品。許多直播主都會使用這種方法促使觀眾盡快下單。在舉辦限量促銷活動時，直播主應著重講出產品的稀缺性和價值，激發觀眾的購物熱情。如果直播主說明這個產品在今天賣完之後不會再上架，就意味著它從限量銷售變成絕版銷售，那麼觀眾的購買熱情將會再次高漲。

實際上，這是心理學中的稀缺效應。人們對世界上稀少的事物普遍懷有強烈的擁有慾望，東西越稀少，人們想要獲得的慾望就越強烈。同理，觀眾在購買產品時也會被稀少的數量激起強烈的購買欲。因此，在進行產品促銷時，直播主可以打出「限量特價」的口號來吸引觀眾，營造一種產品稀缺的氛圍，刺激觀眾下單購買。

此外，直播主還可以在限量促銷中加入情境互動，如「唱單」。因為觀眾都具有從眾心理，當某位觀眾看到很多人都買了這個課程產品時，出於從眾心理，他自然也會想買來看看。所以，直播主在限量促銷的過程中要抓住這種心理。例如，我在做限量課程促銷時就會唱單：「恭喜小A搶到第1單！恭喜小B搶到第2單！現在庫存還剩15單！恭喜小C搶到第3單，現在還剩14單！」

唱單通常是重複進行的，可以過一段時間就唱一次單，也可以請買過產品的老學員談一談學習體驗。這樣拉近心理距離有助於成交。

這種直播間的互動可以有效激起觀眾的從眾心理，特別是善用音樂能達到事半功倍的效果。直播主在直播間可以使用音樂營造緊張的氣氛，刺激觀眾的感官，使他們更容易下單。直播主也要適當加快語速，提高語調，展現一種迫切想讓更多觀眾獲得優惠的急切感。

11.6 承諾促銷：用誠信打動觀眾

很多時候，觀眾對下單之所以猶豫，是因為沒有辦法確定這件產品是否真的適合自己。因為與線下可以試用產品不同，線上購買的產品一旦不合適就要郵寄退回，其中花費的時間、精力、郵資等都是一種消耗。所以，很多直播主為了打消觀眾的這種擔憂，會給予觀眾承諾。

例如，某健身工作室的杜教練開設健身直播間，會向直播間的觀眾傳授健身技巧，帶領觀眾一起健身。他在直播間做出承諾：凡是在直播間以四千八百元購買十八節私教減脂課程的用戶，如果在全部課程結束時沒有達到課程開始前設立的目標，他將全額退款。

因為正值暑假，有不少大學生觀眾購買了他的私教課程。在課程開始前，杜教練針對不同體重、不同身體體質的學生制定出不同的減脂目標。他表示體重重的人會瘦得快一些，而體重輕的人則瘦得沒有那麼快。因為他已經做出不達到目標就全額退款的承諾，所以他不會胡亂地定目標，而是科學性的設定目標。同時，他還為學生制定不同的用餐標準。在杜教練認真負責的指導下，所有學生都達到預期目標。

很多人在直播間問杜教練如果學生沒有達到目標，他是否會按照承諾全額退款。杜教練表示自己的健身工作室正規、合法，雖然他在網上銷售課程，但交易過程也是受到法律監管的，他做出的承諾也是自願的，一旦觀眾購買他的課程，他的承諾就立刻生效，否則就屬於違約行為。而且，做人最重要的就是要講誠信。所以，如果真的有人達不到目標，他一定會按承諾如實退款。

除了課程銷售使用的「全額退款」類型的承諾之外，很多直播主還會做出「7天無條件退款」、「30天內因品質問題損壞包退包換」、「1年內保固」等承諾。我在直播間做出的承諾是下單一週之內隨時可以找我退款。如果退款的原因是觀眾對課程的品質不滿意，我不僅會全額退款，還會額外贈送一個價值二九九元的訓練營課程作為補償。這實際上就是透過誠信打動觀眾所做出的一個風險承諾，對於後續直播間的下單非常有利。

這些承諾都屬於直播主的自願行為，也是品牌的自願行為。一旦觀眾購買產品，承諾便立即生效。所以，直播主在承諾促銷時一定要以誠信為本，確保自己對產品的描述屬實，一旦做出承諾，就要貫徹到底，避免帶給自己不必要的糾紛。

11.7 連貫式促銷：短期促銷大優惠

近年來，各種各樣的購物節層出不窮，如「6．18」、「雙十一」、「雙十二」、「雙旦節」等。這些時令性節日更適合使用連貫式促銷這種短期促銷法。連貫式促銷是指觀眾在購買二件及二件以上的產品時，第二件開始可享受一定的折扣。例如，首件產品原價，第二件半價或七折等。

我在二〇二一年十一月六日做了一場大型直播。當時還有五天就是「雙十一」購物節，我用十一月七日一整天的時間做了一個連貫式促銷的規劃，在十一月八日～十日做了一個針對「雙十一」購物節的搶購活動。在連續三天的直播裡，我一共賣出將近二百張標價九九九元的年卡。

實際上，這也是蹭熱度的一種方式，在「雙十一」這個特殊的時間做短期促銷是很有成效的。「雙十一」結束後，年卡的價格就恢復成每張一九八〇元。對於購買優惠年卡的觀眾來說，他們會慶幸抓住了機會。而對於沒有購買優惠年卡的觀眾來說，他們會認為錯失了一次機會。後續一旦有類似的短期促銷活動，他們有很大的機率會直接購買。

這種促銷方式有其獨特的優點，即見效快，能夠在短期內迅速增加產品的銷量。因為這種促銷方式對觀眾具有很大的吸引力，很受觀眾喜愛，也很受中間商的歡迎。除了適用於各大購物節，連貫式促銷還適用於產品的清倉、換季。

例如，視頻號「韻文女裝888」的直播主就在視頻號直播間銷售棉麻復古風女裝，至今已直播過三百多場。因為棉麻復古風屬於小眾愛好，所以直播間的每款產品數量都不多。而且，由於材質、版型的特殊性，棉麻服裝的單價較高，囤積過久的棉麻服裝品質也會變差。因此，該直播主每次在換季或進大批新貨前，都會將現有的產品清倉。

為了能夠快速將單價高、庫存少的產品清倉，該直播主採取連貫式促銷的方法。每位顧客在購買二件及以上的產品時，第一件為原價購買，第二件開始一概按照原價的八折付款，即購買三件原價三百七十五元的產品只需要花費九百七十五元，比原來便宜一百五十元。

但是，任何事物都有兩面性，連貫式促銷也存在一些缺點，如圖11-5所示。

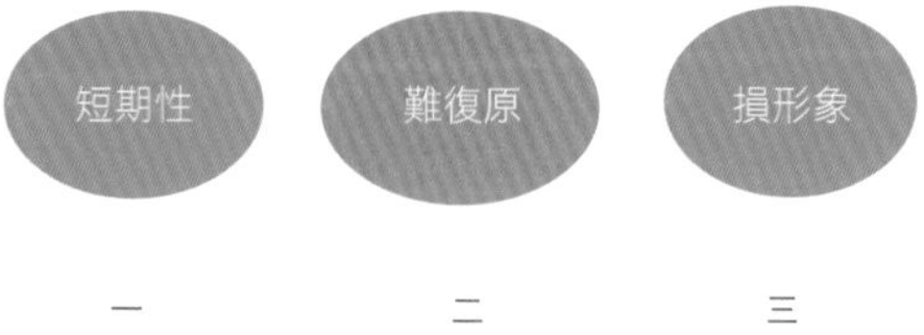

圖11-5　連貫式促銷的缺點

第一，連貫式促銷無法促進長期的銷量增長。因為這種促銷方式的讓利力道大，長期下去，直播主的直播間銷量雖然增加，但利潤卻降低了，所以不適用於長期促銷。

第二，因為短期促銷的優惠大，會促使觀眾囤貨，這樣在未來的一段時間內，很多觀眾將不會對此產品有需求，或者在有需求時繼續尋求上次的低價。而產品如果想繼續保持銷量，就很難再恢復原本的價格。

第三，這種促銷手段容易損傷品牌的形象。如果經常使用連貫式促銷法，會導致觀眾的品牌忠誠度降低，也很難吸引新觀眾。此時，品牌很容易被競爭者趕超，引發或陷入價格戰。

總之，促銷雖好，但要適可而止。從長遠的發展來看，直播主只有提升自己的表達力、說服力等核心競爭力，才能將直播間的流量變現，提升自己的變現力。

11.8 捆綁式促銷：「主產品＋副產品」組合包更省錢

捆綁式促銷是指產品通常以「主產品＋副產品」的組合包形式出現，組合包中的產品一般有一件主要產品，也是組合包的主要價值所在，其他產品類似於附贈品，產品的價格遠遠低於其本身的價值及其市價。需要注意的是，組合包中的主要產品即使價格稍高也無妨，但是品質一定要有所保證。捆綁式促銷更適用於帶貨直播主。

例如，某直播主在直播間向觀眾推薦一款小牛凱西的全新組合包，宣稱只要花一份產品的價錢就能夠購買到三十件物超所值的產品。該直播主介紹：「由於夏天到了，有健身需求的觀眾越來越多，而運動與健康飲食要雙管齊下，高蛋白、低脂肪的牛肉和雞胸肉是最合適不過了。現在為了回饋廣大觀眾的支持，本直播間特別推出『夏日狂暑清涼價』的活動，在直播間只要花 168 元就可以買到 6 片沙朗牛排、5 片肋眼牛排，外加 4 片雞排、5 根純肉腸、4 包低脂雞米花和 12 包低卡黑胡椒醬，以及一副高級刀叉。」

如果單獨購買十一片牛排，即使在打折期間，觀眾也需要花一百三十元，雞排四片需要將近二十元，雞米花需要三十元，純肉腸需要將近二十元。如果觀眾單獨購買組合包中的產品，花費將遠遠超過一百六十八元。

在這份組合包中，牛排是主要產品，也是價格的主要對象，而雞排、雞米花等產品則是組合包中的次要產品，雖然也有一定的價值，但觀眾最看重的還是蛋白質含量最高的牛排。在超優惠的吸引下，直播間的觀眾紛紛下單。

該直播主之所以能夠順利地將組合包推銷出去，是因為她進行前期調查，瞭解健身族群的需求，把合適的產品綁在一起進行促銷，滿足觀眾的優惠心理，同時還為觀眾提供方便。如果該直播主選擇將牛排與高脂肪蛋黃醬進行搭售，恐怕效果就不會太好。

捆綁式促銷的最大優勢在於可以給觀眾一種主產品價格比較划算、副產品相當於白送的感覺。在追求優惠的心理的驅使下，大多數觀眾都會選擇只需要加少許錢就能夠購買到更多東西的組合包。

11.9 假設成交法：情景帶入，營造感性氛圍

假設成交法是指在直播銷售過程中，直播主在假設觀眾已經購買產品的前提下與觀眾進行交流。在交流的過程中，直播主可以透過逐步深入的提問，引導觀眾給出回應。直播主要分析

觀眾的心理，在確定觀眾已經有購買意願的情況下，可以使用假設成交法促成交易。

假如某直播主在推銷一款品牌襯衫，那麼該直播主就可以將觀眾帶入各種情境。例如，穿這件襯衫可以搭配深色的西裝，顯得成熟穩重；這件襯衫可以用來搭配毛衣疊穿，既保暖又時尚；這件襯衫還可以單穿，用來搭配半身裙或休閒褲，顯得俏皮、有活力。

當然，直播主不要只是乾巴巴地描述這種情境，而是可以根據不同描述情境的變換直播間的燈光和音樂，在視覺和聽覺上為觀眾營造不同的情境氛圍。直播主還可以自己穿上這件襯衫，進行不同的色彩搭配。例如，搭配紅色裙子顯得俏皮可愛，搭配暖黃色毛衣顯得溫柔清純……。

直播主要讓觀眾想像到，這件品牌襯衫雖然可能售價會高一些，但是掛在衣櫃裡，一件就相當於好幾件其他衣服，一年三百六十五天可以穿到五十天以上，使用率和性價比超高。如此一來，假設成交法就將觀眾的注意力吸引到購買後的實惠和划算上，成交率自然而然就會提升。

使用假設成交法可以節省直播主推銷產品的時間，提高推銷商品的效率。但是，在使用假設成交法促使觀眾快速下單時，直播主要先確定觀眾的購物意願，確定觀眾已經有購買產品的需求後，才可以透過此方法促使其下單。如果直播主在此前的介紹中並未激起觀眾的購物慾望，就斷然採用假設成交法，只會給觀眾造成過高的成交壓力，使觀眾放棄下單。

11.10 超值1元：限量低價，加1元換購

在很多直播間裡，「1元換購」活動並不少見。一元並不一定是真正意義上的一塊錢，它代表的是超低價。但是，換購的價格雖低，其換購的產品價值和觀眾消費的金額卻並不低。

例如，某直播主在直播間推出購買歐萊雅大紅瓶晚霜的觀眾加1元即可換購歐萊雅眼霜中樣的活動。歐萊雅大紅瓶晚霜的價格為459元／100毫升，眼霜的價格為349元／30毫升，即使是15毫升的眼霜中樣也價值180元。而在直播間只需要「459＋1」元，就可以獲得原價「459＋180」元的產品。

這種促銷策略主要是為藉A產品的現有市場規模提升B產品的知名度，從而提高B產品的滲透率、曝光率和轉化率。一般來說，B產品與A產品會有較高的相關性。所以，直播主才會針對A產品舉辦「1元換購」的優惠活動。

我曾經做過一次訓練營的配套課程服務，效果非常好，其原理與「1元換購」一樣。服裝搭配訓練營課程的價格是三九九元，另一個飾品搭配訓練營課程的價格也是三九九元，但如果觀眾購買二者中的任何一個課程，只要再加一元，就可以買到另一個課程。我當時認為服飾搭配是一體的，只有穿衣或只有飾品搭配都無法形成自己的風格，所以將二者配套出售才是最合適的。後來經過一段時間的銷量統計，我發現「399＋1」元的模式確實是銷量最好的。

衡量這個活動是否有效的最關鍵數據有兩個：一是換購B產品的新觀眾所佔的比例；二是

多次參加活動換購B產品的觀眾所佔的比例。如果前者的比例高，表明此活動為B產品引進很多新觀眾，這個活動的前期投入是有意義的。如果後者的比例高，則表明觀眾使用B產品的體驗很好，B產品的市場和知名度都在逐漸打開，直播主可以考慮正式單獨銷售B產品。

但是，凡事都有利有弊，「1元換購」的促銷方式也不例外。對於一些小直播主來說，如果經常推出「1元換購」活動，由於資金的回籠速度和促銷成效較慢，也許會造成資金鏈的斷裂。所以，直播主進行這種方式的促銷活動時也需要謹慎考慮。

11.11 尾數定價：「看起來」更便宜

在直播產業中有一個不成文的規定，那就是產品銷售沒有整數。可以有四千六百九十九元的手機，但絕對沒有四千七百元的手機；可以有九千九百九十九元的課程，但絕對沒有一萬元整的課程。實際上，這是利用尾數定價的原理。

尾數定價也被稱為非理性定價，它是基於人類的視覺誤差和處理數字資訊的能力有限而設計的。例如，定價為九千九百九十九元的課程，從數字上看從左至右只有四位數；而如果將其定價為一萬元，它就有五位數。從視覺上，觀眾會更傾向於數位少的價格。

而且，在觀眾心中，九千九百九十九元屬於幾千元的範疇，而一萬元屬於上萬元的範疇。所以，這並不是一元的差距，而是千元與萬元的差距。如果觀眾想要購買一門編寫程式課程，在已有購買慾望的前提下，他發現了功能、價值相似的兩個課程，一個為九千九百九十九元，另一個為一萬元，依據心理價位的導向作用，他大機率會選擇前者。

除了以上兩種因素，尾數定價的組成形式也較整數定價更複雜，觀眾會有一種這個價格是嚴謹計算出來的錯覺，更願意相信這個價格是直播主在讓利。同時，觀眾如果購買兩件及以上的產品，數字越複雜的價格越會讓觀眾感到自己是在精打細算，更滿足觀眾尋求「省錢」的心理需求。

基於以上三種原因，直播主要學會在促銷中合理利用整數定價與尾數定價，讓觀眾產生直播主讓利很多的錯覺。

例如，某直播間 999 元的課程降價為 991 元，觀眾不會有太強烈的感受.,但是，當 1000 元的課程降價為 992 元時，觀眾就會明顯感受到產品降價。雖然都是降價 8 元，但在觀眾心中的降價幅度卻是不同的。因此，直播主要學會利用尾數定價原理，抓住觀眾追求最大優惠的心理，讓產品價格「看起來」更便宜。

12 私域流量 多管道發力 促進持續變現

流量大致決定了直播主的直播能否達成預期的效果，因為流量是一切生意的前提。對於線下門市來說，好的地理位置能為門市帶來客流量。這樣商家才有機會接觸潛在顧客，才能夠用自己的表達力說服潛在顧客購買自己的產品。而在直播中，觀眾和粉絲是流量的來源。在直播發展的早期階段，直播主少、觀眾多，很多直播主享受到流量的紅利。而現在，隨著進入直播產業的直播主越來越多，每位直播主能夠分到的公域流量越來越少。直播主要想從眾多競爭者中脫穎而出，就必須搭建自己的私域流量池，多管道發力，促進直播持續變現。

12.1 建立社群：搭建私域流量池的關鍵

私域流量是相對於公域流量而言的。相比任何人都可以搶奪觀眾的公域流量池，私域流量池是屬於直播主自己的。在自己搭建的私域流量池中，直播主無須付費就可以反覆觸達自己的粉絲，最終達成變現。在這個過程中，建立粉絲社群至關重要。

很多直播主在直播中都會不斷地強調讓觀眾加入社群，因為社群能夠幫助直播主更提升觀眾的黏著度，拉近直播主和觀眾之間的距離。更重要的是社群還能夠實現流量的二次利用，有了眾多忠實的、活躍的觀眾，直播主的直播事業才能夠獲得更長久的發展。

首先，直播主要確定社群的定位。因為社群的定位決定社群中傳播的內容，細化社群的定位能夠垂直打造私域流量商業模式。其次，直播主要透過一系列促銷手段活化粉絲，使社群具備持久的生命力。最後，直播主在打造成熟社群的同時還要達成社群的裂變，讓老粉絲吸引新粉絲加入社群。直播主可以從以下幾個方面完成社群定位，如圖12-1所示。

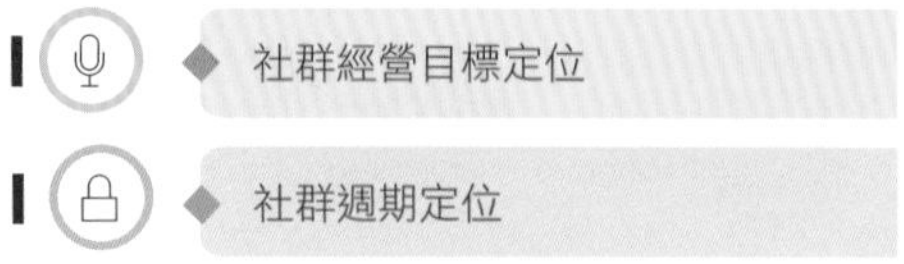

圖 12-1　社群定位的兩個主要方面

(1) 社群經營目標定位

直播主想要成立自己的社群，就需要規劃社群的經營機制，以及社群能夠為成員帶來哪些價值。因為粉絲進入社群一定是想要滿足一些需求。

社群經營的目標無非提升直播間的熱度、直播主的知名度、刺激產品的銷售、維護粉絲的黏著度等。但是在不同時期，這些目標的側重點各有不同。例如，在建立初期，社群主要是為了提升直播間熱度；而在建立後期，社群主要是為了維持粉絲與直播主之間的黏著度。

(2) 社群生命週期定位

直播主要明白社群的生命週期，以及自己建立社群的初衷。例如，有些直播主建立的社群是針對「6．18」購物節的臨時揪團群，有些直播主建立的社群是粉絲福利群。社群的目的不同，所以社群的生命週期也不一樣。

短期目標群在達成目標後，就沒有了價值。所以，這種類型的社群在後期幾乎沒有活躍度，也就沒有維護的必要。當然，直播主也可以在短期目標完成後，將短期目標替換成長期目標。例如，「6．18」購物群可以轉化為新粉絲福利群。

在達成既定目標後，社群一定要及時解散，不要留下一個「死群」。一個沒有活躍度、沒有人氣的社群，不值得直播主浪費精力和成本去維護。

社群定位的優勢，在於它可以幫助直播主決定社群中的內容和確定粉絲的構成。

內容是社群的核心，直播主要根據社群定位確定社群的內容。例如，銷售課程的直播主通常會建立一個「答疑解惑群」，直播主除了在社群中預告直播時間、發放優惠券和簡單介紹課程內容，還可以分享與課程相關的知識和學習技巧，讓粉絲感到加入社群能獲取更多有價值的內容。

當粉絲進入社群這個私域流量池後，直播主要根據社群的定位有針對性地為他們推薦個性化的內容。準確分析粉絲的結構對於保持粉絲的黏著度、拓展社群規模都發揮著重要作用。例如，在直播中銷售課程的一位直播主有兩個社群，一個社群的成員以年輕媽媽為主，另一個社群的成員以大學生為主。這就使該直播主要根據社群成員的特點，有針對性地調整相關內容。

同時，直播主應當控制社群的規模，並適當選取幾位粉絲代表參與社群的經營管理。這樣一方面是為了避免社群規模過大，容易出現粉絲小團體，導致各種問題發生；另一方面則是透過選取粉絲代表增強直播主與粉絲之間的聯絡，使粉絲產生歸屬感和榮譽感。

12.2 社群經營：差異化破局，提升社群吸引力

如今，越來越多的直播平台都在建立自己的私域流量管道。例如，抖音、快手等直播平台都在對其產品的私域流量引流管道功能進行內測。但是，從情境、觸達效率和經營效果來看，以視頻號為核心的微信生態依然是最強大的私域流量生態。因為視頻號、社群和朋友圈可以直

接使業務形成商業模式，達到完全去中心化。而且，微信有最完美的熟人社交關係鏈，可以用最小的成本達到快速裂變。對於直播主來說，在微信生態中建立私域流量池至關重要。

對於觀眾來說，社群有一個最直觀的好處，那就是方便進入直播間。例如，一位寶媽預約了一場直播，卻在直播開始時要照顧孩子吃飯，當閒下來時卻找不到直播間的入口了。此時如果有一個專屬社群，這位寶媽就可以透過社群中的直播連結直接進入直播間，十分方便。所以，社群在搭建私域流量池的過程中十分重要。

因為在直播主開播時，很多觀眾可能由於各種原因無法觀看直播，這些觀眾都是潛在的客戶。那麼，怎樣才能和這些不能進入直播間的觀眾保持緊密的互動關係呢？答案就是透過社群與這些觀眾進行互動。因此，社群不只是一個簡單的流量儲存池，它還是直播主與觀眾保持聯絡的重要管道，可以彌補直播互動的不足。

既然社群這樣重要，那麼直播主究竟該怎樣經營社群，才能將社群的作用發揮到最大化呢？

首先，直播主在直播間直播的同時，後台工作人員要在相關社群中轉發直播的精彩片段，如直播主金句頻出、訂單爆滿，以及產品的打折優惠資訊，如限時促銷和限量促銷。這些關鍵資訊是社群成員關注的重點。不要單純地轉發產品很厲害、產品金額是多少等很片面的內容，否則會引起觀眾的反感。

例如，我有一位做文案的私教班學員亮亮，她的團隊工作人員就經常在她直播時在社群中轉發相關內容。「亮亮老師正在講寫好文案的10點必殺技，已經講到第3點了，大家快來直播間看啊！後面的內容實用滿滿，大家一定不要錯過呀！」、「亮亮老師正在抽獎，下單觀眾可能獲得神秘大禮哦！快來直播間看看神秘大禮究竟是什麼吧！」

透過這種社群的互動，不斷挑起觀眾的情緒，激發觀眾的需求和好奇心，使觀眾忍不住點進直播間。這時，社群經營就成功了一半。

其次，直播主要對加入社群的觀眾進行名單管理。所有透過直播間添加我為好友的人，我都會給他們一個明確的名單標註。例如，我的直播名單代碼是Z和B，所以我每次直播時只要通知到社群暱稱備註裡帶Z和B的成員，就可以省時省力地做到精準一對一通知，避免頻繁打擾其他人。很多直播主都沒有進行名單管理細分，這對於打造個性化的私域流量是非常不利的。

即使八年前添加我為好友的人，我都會清楚地記得我們是在怎樣的情況下認識的。很多人都會驚訝，「哇！過了這麼久，你還記得我！」這樣自然而然地就會拉近我們之間的距離。同樣的道理也適用於私域直播。

在這裡，我推薦一種自己常用的「GPS」名單管理法。G代表工作，與我的直播、培訓班這種工作相關的人，我都會歸類到G名單；P代表朋友，這裡的人都是與我關係親密的人；S代表生活，如清潔員、快遞員等都會被歸類到這裡。「GPS」是一種最基礎的名單管理法，我們還可以將其繼續細分，分得越精細，越有利於私域流量池的搭建。

最後，直播主要配合名單管理，打造專屬社群標籤。要想打造一個合適的社群標籤，直播主可以從以下幾個方面入手：

(1) 社群標籤要簡明扼要

社群標籤要簡明扼要，目的就是不讓人們對標籤產生歧義、造成誤解。基礎、具體明確的詞語更容易讓粉絲產生共鳴。例如，銷售護膚品的直播主將「高端」作為自己的社群標籤，「高端」這個詞的含義就非常模糊，很容易使粉絲產生誤解：什麼是「高端」？哪些人才算得上「高端」？只有「高端」人士才可以購買產品嗎？

但是，如果把「高端」換成「商務精英」一詞，社群的定位就清楚多了。因為這名直播主可能會同時經營幾個社群，他推薦的產品和內容也會有所不同。例如，社群標籤為「商務精英」的社群中，粉絲大多為三十～四十歲、小有成就的男性；社群標籤為「都市職場麗人」的社群中，粉絲大多為二十五～三十五歲的職場女性。打造合適的社群標籤不僅有利於粉絲對自己的身分產生歸屬感，還有助於社群的經營管理。

(2) 社群標籤要擊中粉絲的需求痛點

具有吸引力的標籤一定是合理的，能夠擊中粉絲的需求痛點。因為只有讓粉絲感覺直播主的直播內容或銷售的產品能夠滿足自己的需求，解決自己的痛點，粉絲才會覺得留在社群中有意義，能夠獲取自己所需要的價值。例如，「減脂」這個社群標籤的針對性強且直擊痛點，就會吸引有減脂需求的粉絲。這類標籤呈現出來的目的性、任務感也非常強，所以通常能帶給粉絲非常直觀的印象。

(3) 社群標籤要和產品匹配

有了社群標籤，直播主對社群的經營就有了明確方向。社群的日常經營工作都是以社群標籤為中心的，如產品宣傳、社群推廣、線上線下活動等都要圍繞社群標籤展開。

某直播主在直播間銷售的產品是漢服女裝，所以她建立的社群標籤也是漢服女裝。她在線下舉辦社群活動時，現場布局、裝修風格、活動形式等細節都與漢服女裝這個標籤相呼應。

社群標籤對社群的發展有著非常重要的作用，它可以影響社群對目標客群的吸引、社群經營、活動舉辦等各個方面。因此，直播主在建立社群時一定要為社群打造一個專屬標籤。

我的私教班學員心海老師的社群名片叫作「星辰大海」，她的核心學員就叫作「海星」。這個標籤不僅趣味十足，還顯著拉近心海老師和學員之間的距離。畢竟大海和海星密不可分，在某種程度上更能展現二者之間的親密關係。

12.3 打造暢銷品：培養忠實粉絲，達到回購變現

行銷學中相關研究證明，開發一個新顧客的成本是維護一個老顧客所需成本的六倍。因此，同樣的銷售額如果由老顧客完成，直播主只需要投入六分之一的成本，剩餘的成本可以達成更多的變現。那麼，直播主究竟該如何打造暢銷產品或內容，培養出經常回購的忠實粉絲呢？

(1) 確定主推款

打造暢銷品的前提是直播間的產品要有主推款，就像一支舞蹈團中要有領舞一樣。主推款就是直播主力推的產品。一般來說，主推款商品的性價比高，十分值得購買。直播主確定主推款能夠使觀眾的目光更加聚焦，從而提高主推款的銷量，提升粉絲的忠誠度，為粉絲的回購奠定基礎。

(2) 前期測試

一款新品是否有成為熱銷款的潛力，關鍵要看前期測試的效果如何，也就是讓市場檢驗這款新品能不能成為「明日之星」。因此，直播主需要對新品進行前期測試，透過市場的回饋分析其能否成為熱銷款。直播主可以透過以下三種方法對新品進行測試：

1. 直播主可以將新品放在店鋪顯眼的位置，並為其製作宣傳海報。如果該新品的轉化率高於店鋪的平均值，而且新品的加購量也比較高，那就說明該新品可以成為店鋪的暢銷款。
2. 直播主可以透過淘寶直通車測試新品的回饋情況。淘寶直通車可以同時測試多款新品，直播主可以將幾款新品同時放入淘寶直通車，查看其各自的點擊率、轉化率和收藏次數等。測試結束後，直播主就可以從中選取點擊率和轉化率較高的新品，作為店鋪的主推款。
3. 直播主可以透過用戶問卷調查來確定產品優化的方向，留下滿意的部分。用戶對產品的價格、功能、使用情境等都可以提出建議，參與產品開發的過程。

問卷調查是我最常用的一種方法。我每次在新開課程前或者在訓練營課程結束後都會進行問卷調查，透過學員的回饋找到後續的產品開發和優化方向。

問卷調查以用戶需求為導向。因為大多知識付費類直播主即使滿腹經綸，有很多實用知識，但是沒有辦法精準觸達目標用戶客群。以前我曾經想聯合一些老師和我的私教班學員做一個價值九千八百元的創業計畫聯合訓練營課程（見圖12-2），將我做企業的使命願景與價值觀表達出來。所以，我重複做過三次調查，收集很多學員與觀眾的回饋，明確受眾群體的需求後，才放心大膽地開發這款產品。最後，幾乎所有學員都說這款產品正是他們想要的。

實際上，這種方式是借用線下創業的模式。例如，雷軍打造小米品牌就是先做小米發燒友、小米粉絲，然後才是小米用戶。小米的粉絲是可以透過小米社群參與小米產品的開發與優化計畫的，這就是將私域社群功能發揮到極致的一種思維方式。

(3) 展現差異性

當新品有太多類似的競品時，直播主就需要增強產品的差異性，以吸引觀眾的目光。例如，家庭便攜式體重計的功能和外觀都沒有太大的區別，但是直播主可以透過細分使用對象設計促銷方案。使用對象的細分就顯示出產品的差異性。

除了呈現產品本身的差異性之外，直播主還可以在贈品方面展現差異性。例如，贈送獨家製作的暖暖包、保溫杯、圍巾等小禮品。在贈品上凸顯差異性也可以吸引觀眾的注意。

有了主推款，直播主打造暢銷品時就有明確的目標方向。同時，直播主還要在每週的固定時間更新。觀眾在購物時會追求新鮮感，每週更新就是向觀眾傳達店鋪每週都會給觀眾帶來驚喜、新鮮感不斷的資訊。而將更新時間固定，則是為了讓觀眾對店鋪的更新產生期待，形成心理預期，增強觀眾的忠誠度。

圖 12-2　洳冰創業聯盟計畫

(4) 打造有溫度的產品

人們現在購買產品不僅是為了滿足物質層面的需求，還是為了滿足精神層面的需求。因此，直播主要打造有溫度的產品，讓產品維繫自己與粉絲的情感，使社群更具正能量。

例如，某位銷售高檔女士服裝的直播主在直播時宣稱，今天每賣出去一件衣服，她就向公益機構捐款五元。社群的粉絲大部分是經濟情況較好的年輕女性，她們對公益事業也比較支持，紛紛在群內響應這位直播主的號召。最終，這位直播主以直播間全體粉絲的名義向某公益機構捐助了三萬元。

在上述案例中，粉絲既買到自己喜歡的衣服，也支持了公益事業。有溫度的產品既有利於強化直播主善良、有愛心的人物形象，又使粉絲對直播主的認可度更高，從而更樂意在直播主的直播間購買產品。對於直播主來說，有溫度的產品既能促進產品銷量的增長，又能提高社群成員的活躍度。而且，由於直播主此次的捐款行為受到大量關注，該直播主的直播間粉絲數量也有了大幅增長。

12.4 朋友圈：不可忽視的私域流量陣地

朋友圈是微信生態中的重要流量承載池。自上線以來，朋友圈就沒有進行過大的調整。因此，它是一個較穩定的微信功能，適合作為私域流量的引流陣地。截至二〇二二年，朋友圈的活躍用戶已有七億多人。如果直播主能夠充分運用好微信朋友圈，那麼成功打造微信私域流量商業模式指日可待。

首先，朋友圈是很好的打造一對多窗口的平台。直播主在朋友圈發送的文案或直播間連結可以被所有好友看到。相比一對一地發送消息，這種一對多的形式能夠快速幫助直播主做直播間推廣和粉絲裂變。

其次，朋友圈更容易建立直播主與觀眾之間的信任。朋友圈像一個生活展示的窗口，觀眾可以透過這個窗口更加深入地瞭解直播主，逐漸增加對直播主的信任。我有一位學員，以前是我直播間的觀眾，他曾偶然點進我的朋友圈，發現我最近的一則文案是關於直播事業的進展。他很感興趣，於是翻閱我過去將近三年的朋友圈內容，獲得五百多個讚。等看完我的朋友圈，他就大致知道我是怎樣的人，我在做怎樣的事。恰好他有這方面的需求，而我的朋友圈中學員的回饋和收穫彙總讓他知道我是一個有能力、認真且負責的人，所以他就放心地購買我的課程。

朋友圈主要有以下三個特點：

1. 朋友圈創作門檻較低，人人皆可創作。即使不能熟練使用智慧手機的老年人，也可以輕鬆學會發送朋友圈。
2. 朋友圈適合輸出個人價值觀。朋友圈不僅是普通的社交工具，還是用戶對外展示自己的窗口。

朋友圈適合輸出個人價值觀類的內容，如對某件事情的觀點、興趣愛好等。對於直播主來說，朋友圈也是展現其專業性、直播流程的窗口，同時可以展示粉絲的真實回饋、粉絲從直播中獲得的價值等。直播主可以透過在朋友圈軟性植入的方式，潛移默化地影響朋友圈的好友。好友在有需求時，第一時間就會想到直播主。

3. 朋友圈是無感觸達的。與其他產品不同，朋友圈沒有採用推算機制。例如，在一些平台中，用戶搜尋了一些有關寵物的內容，那麼平台就會為用戶強制推送與寵物相關的內容。朋友圈則不然，它只會按照時間順序為用戶如實呈現內容，不會使用戶產生審美疲勞。用戶想看什麼內容，主動權掌握在自己手中，因此並不會抗拒朋友圈的內容。

朋友圈也是最容易實現粉絲裂變的私域流量陣地。那麼，直播主採取什麼方法才可以讓老粉絲在朋友圈帶動新粉絲呢？

1. 直播主可以透過發放物質獎勵，鼓勵社群粉絲發送朋友圈的相關內容。例如，直播主可以在朋友圈發送集讚活動，凡是轉發直播主發送的內容並獲得一定數量讚的用戶，都可以進入社群領取相關福利。老粉絲也可以主動在朋友圈發送直播的相關內容，直播主可以給予其一定的優惠福利。

2. 在朋友圈發送能夠讓粉絲產生共鳴的話題。直播主在選擇話題時，要保證話題能夠讓粉絲產生共鳴，這樣他們才會有表達的意願。例如，直播主可以在朋友圈發送「最適合黃皮膚的口紅顏色」、「學化妝時你踩過的坑」等互動話題，這類話題可以讓用戶產生共鳴，激發其傾訴的慾望。

在傾訴、交流的過程中，用戶慢慢就會發現原來大家都有相似的經歷，繼而討論、互動也會更加熱烈。此時，直播主就可以引導還沒有進入社群的用戶進入社群繼續討論，並透過一系列方法將其轉化為自己的粉絲。這樣不僅能吸引新粉絲，達到粉絲裂變，而且在社群的討論中也可能會產生新的話題，引起下一輪的討論高潮。

當然，在設計社群話題時，直播主要注意話題的門檻不能太高。過於高深、專業的話題往往會讓用戶望而卻步，而門檻較低的話題能夠讓更多粉絲參與話題的討論。

在設計社群的話題時，為了吸引粉絲參與話題討論，直播主要設計一些有討論點的話題。例如，「冬天到了，你穿衣要風度，還是要溫度」、「你更喜歡歐式古典風格，還是中式古典風格」。這樣的話題能夠激發粉絲參與討論的熱情。總之，發送朋友圈是促使用戶轉化為粉絲、提升社群活躍度的有效方法。發送的朋友圈有越多用戶參與，用戶的轉化率就越高，私域流量池就越大。

12.5 視頻號：私域流量新勢力

大部分直播平台都屬於公域流量池，而與其他直播平台不同的是視頻號屬於半公域、半私域的直播平台。因為它是微信生態的流量集散地，能夠與微信的每一個流量池相連結，完成反覆觸及，進而達成社群、朋友圈、小程序多管道打通，打造出以視頻號為核心的私域流量商業模式。

用個人微信和企業微信打造私域流量池被公認為轉化率最高的方式，但是從其他直播平台，如抖音、淘寶、快手等，將粉絲導入微信的成本過高，效率太低。而視頻號則不同，它具有三種功能，分別是短影片、直播間和小商店。

短影片負責裂變引流，直播間負責粉絲轉化，小商店則用來變現。這三種功能能夠將微信的所有應用連結起來，打造出以用戶為中心的私域流量商業模式：

1. 個人號才是私域流量的最終歸宿。個人號有兩個核心私域流量池：一個是朋友圈，另一個則是微信群。

朋友圈是視頻號的啟動器。直播主在直播間直播時，一定會將直播間的連結分享到社群和朋友圈中，用戶或粉絲看到就有可能打開連結、進入直播間。這就是直播間的第一波流量。

雖然透過朋友圈獲取流量更容易，但朋友圈的內容是按時間順序呈現的，後面的內容會覆蓋前面的內容。微信群則不同，直播主將直播間連結發送到微信群中，即使用戶不是直播主的好友，也能夠看到直播主分享的內容。這增加直播間的傳播範圍和傳播的有效性。

2. 視頻號與公眾號實際上是互補的。公眾號以圖文為主，而視頻號就是「動態」的公眾號。有些人更喜歡視頻號生動的表達形式，而有些人則更青睞於公眾號安靜的閱讀模式。所以，直播主可以將公眾號與視頻號連通，視為獲得更多觸達粉絲的途徑。

現在公眾號的一篇文章中最多可以插入十個小影片。直播主可以將一些過往的直播作品剪輯後插入公眾號文章中，在直播開始前推送給用戶。只要用戶點擊影片，就能夠立刻跳轉到直播間。直播主也可以在直播間添加公眾號的延伸連結，二者互相引流。

3. 小商店的產品可以在直播間銷售，能夠滿足用戶即買即走的需求。此外，如果用戶沒有時間觀看直播主的直播，他也可以直接在小商店購買自己需要的產品。

4. 個人微信無法承載過多的私域流量，因為微信規定個人號單日被動加好友不得超過二五〇人，所以企業微信的優勢便凸顯出來。

當前，企業微信與視頻號已經雙向打通，直播主可以在直播間直接展示企業微信號，粉絲在直播間就能夠一鍵添加直播主微信。不僅如此，企業微信對於社群管理更加高效，直播主能夠在後台對所有社群進行統一管理，同時還能夠使用企業微信的各種第三方應用。

二〇二二年一月七日，微信發送「視頻號直播——商家激勵政策」：凡是透過視頻號直播的直播主，只要從自己的社群或朋友圈中引入五十人及以上的用戶進入直播間，就可以參加微信的激勵活動，即直播主每引導一個私域流量用戶進入直播間，平台就至少給直播主獎勵一個公域流量用戶。所以，現在就是加入視頻號、打造自己私域流量池的最好時機。

13 直播魅力演講

魅力直播主打造計畫

無論知識付費直播主還是帶貨直播主，要想在直播間征服觀眾，讓觀眾樂意為你的產品買單，你就要擁有自己獨特的魅力，把自己的魅力傳達給直播間的觀眾。很多時候，觀眾不僅僅是為了產品買單，更是為了直播主的魅力買單。學會直播魅力演講，將自身打造為魅力直播主，是你能夠從眾多直播主中脫穎而出的關鍵。

13.1 為什麼需要魅力演講

在提升自己的魅力之前，直播主要先弄清楚什麼才是自己需要的魅力。對於知識付費直播主來說，魅力就是影響力。在直播產業中，影響力的作用遠遠大於領導力、組織力、管理力。可以說，影響力對於直播主來說至關重要。轉換到直播間，即直播主要看是否有讓觀眾持續跟隨自己學習的能力。

在知識付費直播領域有一個很有意思的現象，很多觀眾在跟隨一位直播主學習一段時間後突然就轉去跟隨另一位直播主。按照常理來說，和直播主學習知識最好是從一而終，這樣有助於建立系統的學習框架。那麼，為什麼很多觀眾都會半途退出，換直播主學習或乾脆不學了呢？

我調查過一些直播主和觀眾，也採訪過我的一些學員，最後發現問題出在直播主自己身上。與帶貨直播主不同，知識付費直播主的直播戰線較長。例如，我講色彩能量理論就是分成幾天的幾個場次講完的，如果我不能讓觀眾感到有意思，樂意追隨我的直播間聽下去，它就會成為失敗的直播主題。但是，我透過自己的魅力讓進入我直播間的觀眾都追隨著持續聽下去，它就是一個成功的直播主題。

很多直播主是很有實力、很有料的，也可以做到在直播間向觀眾輸出實用內容，但觀眾就是聽一會兒即走。根本問題在於直播主本人的魅力不足，輸出的內容過於乾癟，簡單概括就是

「沒有意思」。同樣是做同類型的知識直播，有人的直播間門庭若市，有人的直播間門可羅雀，原因就出在個人魅力上。

魅力不僅會影響直播主與觀眾之間的關係，而且會影響個人品牌、個人公信力的打造。這也是我開設直播魅力演講課程，幫助大家提升個人魅力的主要原因。

13.2 如何做好個人魅力布局

我將個人魅力布局分為十個關鍵點：

(1) 發心

所謂發心，是指直播主要站在觀眾的角度思考問題。例如，觀眾真正的需求是什麼？觀眾購買我的產品能夠解決他的什麼問題？只有從對方的角度出發，我們才能夠切身體會觀眾的需求，知道自己的產品是否與觀眾的需求匹配。

發心的本質是一種利他思維。我們要端正自己，思考觀眾真正需要什麼，觀眾購買我的產品能夠解決他的什麼問題，而不是自己能賺多少錢。

特別是對於一些在直播間為觀眾賦能的知識付費直播主來說，只有學會發心，說出的話才能夠直擊觀眾的痛點。例如，直播主講創業，直播間的大部分觀眾都是有創業計畫或創業失敗、想來獲取解決方案的人，如果直播主只是一味地強調創業有多麼簡單、創業成功有多麼好，這對於觀眾來說是毫無用處的。觀眾的痛點是如何創業、如何避開創業路上的陷阱。因此，對於直播主來說，發心就是要提供好的、有用的、性價比高的產品，提供能真正解決別人需求和問題的產品。

學會發心的人，往往是高情商的人。別人都會很喜歡他，與他的溝通也會自然、順暢，令人如沐春風。

(2) 專注

專注是我們從孩童時代起就一直在強調的一項能力。在課堂上不認真聽講，東張西望的學生通常成績不會太好。無數的事實證明，無法專注於某件事情的人最終都會一事無成。

只有專注才能成大事，才能在一個領域裡成為有影響力的人。沒有足夠的專注力，是無法在專業領域產生影響力的，也是無法形成個人魅力的。而沒有個人魅力又怎麼能吸引別人來關注、諮詢你呢？

例如，雷軍在做小米品牌時就一直專注於做好這一件事，這種專注的魅力為他吸引眾多跟隨者，最終他獲得成功。

如果你在創業中不能靜下心來，專注於自己的事業，而是三心二意，這山望著那山高，最終結果就是哪座山也爬不上去。而沒有一件能拿得出手的成績，又怎麼會有足夠的個人魅力吸引觀眾追隨你呢？

(3) 技能

技能是直播主的核心競爭力。直播主的技能越扎實、越強大，就越能夠給觀眾提供高價值的服務與幫助。人都有慕強心理，所有人都喜歡跟厲害的人學習。所以，只有你成為更厲害的人，才能夠擁有長久的魅力。

技能是直播主的核心價值。只有當你的技能強大到能為別人解決問題時，別人才會關注你。例如，你的文案成交技能很強，那些跟著你學習的人本來不會寫文案，學完之後不僅會寫，還能把自己的東西透過寫的方式賣得更好。這樣你才能說自己擁有文案成交的技能。

(4) 心態

創業要擁有平靜且穩定的心態。很多人在創業之初都會拿自己與已經小有成就的創業者對比，覺得自己這裡不好、那裡不行，一味地想要趕超對方，最終自亂陣腳。

要想自己的創業之路能平穩發展，我們就不能夠妄自菲薄，用別人的強項懲罰自己。創業路上遇到的每一件事、每一個挑戰都有它的意義。做得好，我們再接再厲；做得不好，我們汲取教訓。穩定的心態帶來穩定的創業結果。因此，只有心態穩定的人才會擁有長久的魅力。

有些剛嘗試直播的人時常苦於自己沒有粉絲，進而患得患失，糾結自己是不是不適合這個產業。其實大可不必這樣。粉絲並非一天累積起來的，我們要正視這個問題，不斷在無人處磨練自己的技能，以待來日發展。粉絲少時，我們可以在鏡頭前練習自己的專業技能，包括表情、動作、語言等；人氣旺時，我們可以在直播間進行變現，抓住機會推銷產品。總之，有穩定、積極的心態，我們才能獲得長遠的發展。

(5) 真實

真實是最好的「武器」。很多人都說做直播主要包裝自己，做魅力直播主更要包裝自己。適度的包裝沒有問題，但如果始終以包裝後的面目面對觀眾，被你吸引來的觀眾所喜歡的不過是戴著面具的你，而面具終究是無法永遠戴著的。

任何直播主都會有喜歡他和不喜歡他的人。有些直播主為了迎合一〇%的不喜歡自己的人去偽裝自己，反而適得其反，失去更多喜歡自己的人。因此，我們不如一開始就做真實的自己，展現自己最真實的一面。

對於想要長期發展直播事業的直播主來說，真實才是你最好的「武器」。你是什麼樣的人就能吸引什麼樣的人。無論怎樣偽裝，都有人喜歡你，有人不喜歡你。既然這樣，為什麼不坦誠地做真實的自己呢？真實的自己才是你魅力的長久來源。

(6) 成長

終其一生，人都在不斷成長。直播主的直播生涯也是同樣如此。只有讓自己不斷地成長，才會為觀眾帶來源源不斷的新鮮感。試想你的直播間總是在說幾年前你熟悉的故事、網路用語和知識，那是無法為觀眾帶來新鮮感的。作為有魅力的直播主，你必須每天都要為觀眾呈現最新鮮的狀態。

學習能力是非常重要的創業魅力，直播主必須讓觀眾對自己產生依賴。如果你不具備成長的能力，觀眾是不會長期追隨你的。要想成為魅力直播主，你就要牢記：一個人的衰老是從放棄成長開始的。

(7) 韌性

沒有人一開始就能站在頂峰。在通往山頂的路上荊棘叢生，很少有人能夠一次就爬上山頂。所以，我們要有堅韌不拔的毅力，能夠堅韌地迎接任何挑戰。我們既要有淡然迎接成功的能力，也要有接納遭受挫折的韌性。韌性就像一種「心靈肌肉」，它可以讓我們的抗壓能力更強，讓我們在面對所有問題時保持積極的心態，一往無前。

(8) 賺錢

在直播產業中，能賺錢等於能量高。錢是能夠量化你能量的外在貨幣符號。所有能賺到錢的時候都是能量高的時候，錢可以為你買來合適的衣服、裝扮更美的直播環境、享受更美好的生活、擁有高品質的生活狀態。

(9) 個性

個性也是個人的特性，它代表個人的主張，是你為觀眾呈現出來的一種立體的生命狀態，即你是什麼樣的人就會吸引喜歡什麼特性的人。例如，一個霸氣的人會吸引那些喜歡霸氣的人，一個溫柔的人會吸引那些喜歡溫柔的人。

(10) 簡單

化繁為簡是一門學問。能把很複雜的行動呈現得很簡單，就能大大展現你的魅力！

13.3 練好魅力演講的三項基本功

要想做好魅力演講，成為魅力直播主，只學會技巧是遠遠不夠的，還必須練好基本功。我將魅力演講的基本功總結為三點，如果你能夠學會這三點，學習進階課程時就可以游刃有餘：

(1) 價值

為觀眾呈現價值，目的是獲取觀眾的信任。而呈現價值的策略就是打造你的獨特人設。什麼是人設？通俗地講，人設就是你留給別人的印象，別人對你的感受。

當然，人設定位可以參考他人，但是不要完全模仿他人，你要展現自己的特色。如果沒有自己的人設，你就會發現自己無法賦能產品。別人不認同你，你就無法賣出自己的產品。如果沒有人設，你就無法賣出團隊，甚至無法整合團隊。

但是，如果你有準確定位自己的能力，有自己清晰的人設，你就會發現自己可以輕鬆地吸引自己想要吸引的人，可以輕鬆代言自己的產品。更奇妙的是，你會發現你想要的資源都會主動靠近你。

當初我講了六年的服裝搭配，但是一直沒有找到自己最精準的定位。後來，我發現不管我做什麼課程，都是用我的演講能力在做，我有很強的連結內在能量的能力，所以我的課程會幫助很多人找到內在的能量，透過內在能量的改變達成變現的目的。

首先，展現你跌宕起伏的經歷。這個經歷是什麼不重要，最重要的是這個經歷帶給你的好結果。因為所有人都喜歡看到結果，結果能夠打動別人。

其次，活出別人夢想中的樣子。能量低的人喜歡高能量的人，能量高的人依然喜歡高能量的人。所以，我們只能做高能量，活出高能量的那個樣子。如果你能夠活出別人夢想中的樣子，別人就會信服你。

最後，要學會做你的人生數據背書。例如，你有執教三十五年的教學經歷，你創業十年做過最厲害的一個專案變現了多少等。這些都是你的價值所在。

(2) 情感

人世間無非三大需求：物質需求、精神需求和心靈需求。直播主為觀眾提供的必須是觀眾剛好需要的，這就是情感布局。當你會做情感布局時，即使觀眾沒有立刻拿到想要的結果，也依然會跟隨你。

情感布局一定要是真情實感，情感成交一定是打動對方的情感才會不銷而銷。所有人都不會被你說服，他們只會被自己說服。那麼，如何讓對方被他自己說服呢？

首先，要植入情緒。有情緒就是好的演講，但是植入情緒不等於掉入情緒。你的情緒要跌宕起伏，要麼讓對方開心，要麼讓對方感動。

其次，要有共情能力。只有共情才能共力，一萬個道理抵不上一顆共情的心。當你沒辦法跟別人共情時，別人就沒有辦法跟你的心有連結。

最後，要能情感共振。我們的直播目標是共贏，成交的最高境界是從「你我他」變成「我們」，核心思維是「你中有我，我中有你」，共情、共愛、共利、共謀，只有這樣才是團隊。

(3) 價值觀

直播主向觀眾傳遞的不僅是產品資訊，還有自己的價值觀。而價值觀的來源就是直播主的靈魂特質，如有擔當、有責任、有才華、溫柔體貼、善良知性等。

實際上，價值觀是一種內心尺度，它支配著我們的行為。在日常生活中，我們經常會說和某人三觀不同，三觀之一就是價值觀。價值觀接近的人更容易產生心靈上的連結。所以，直播主的任務之一就是善用自己的價值觀，影響、吸引觀眾。

13.4 演講成交的天龍八部

雖然每個直播主表達的內容都不相同，但表達的形式卻大同小異。如何透過直播演講實現訂單變現呢？我將其總結為八個關鍵點：

(1) 立觀點

直播主就是演員，只有能挑動觀眾的情緒，立穩自己的觀點，才能夠影響別人。換而言之，如果你都不相信自己講的話，又怎能取信於觀眾呢？

例如，以前我在直播間講服裝搭配時，我從來不帶現成的服裝產品，因為我的觀點是我本人站在這裡，我就可以表明服飾能夠表現人。很多觀眾不理解：服飾怎麼可以表現人呢？這不是說反了嗎？我接著就向大家解釋：服飾能夠表現一個人的特徵，在某種程度上能夠表現一個人的氣質。例如，喜歡潮牌、前衛服飾的人心態更年輕，喜歡碎花長裙的女生性格可能更溫婉。這樣解釋下來，觀眾就都恍然大悟了。

所以，有自己的觀點，才有自己的立場和氣場。觀點就像思維中的核心，其他的一切都不過是從觀點出發的手段罷了。

(2) 舉案例

觀點立穩後，接下來就要用案例支撐觀點。例如，我在直播間講服飾搭配時提出的觀點——「服飾可以表現人」，接下來我就要圍繞這個觀點列舉案例來支持我的觀點。

我講潮牌服飾怎麼搭配、怎麼表現個性，那麼被吸引而來的自然是喜歡潮牌服飾的觀眾；我講古代服飾歷史，講服飾的發展變化，那麼吸引來的自然是有文化、熱愛歷史的觀眾。

有些觀眾可能不會當場下單，但是在之後他看到其他直播或想要買衣服時，他就會想起我列舉的案例，想到我的觀點，他有很大機率會再次回來，在我的直播間下單。因為我已經透過案例將我的觀點深深植入他的內心，讓他念念不忘。

所以，我經常在課程中提醒我的學員要多學習，看一些名言名句，瞭解歷史典故，提高自己的文學修養，能夠從不同的角度切入話題。

(3) 求確認

「大家同意嗎？」

「聽懂的在彈幕發個『666』。」

……

我在做服飾搭配直播時發現，如果能夠時常向觀眾發出互動，求得觀眾的認同，就可以提高直播間的互動氛圍。

我對觀眾說：「古代人寫書是豎著寫，一邊讀，一邊點頭。但是，現代人寫書是橫著寫，都是搖頭的。所以，我以後寫書就要豎著寫。你們覺得怎麼樣？」很多觀眾都會心一笑，在彈幕對我表示了贊同。

(4) 塑造推崇

塑造是打造魅力直播主很重要的部分。我從事演講培訓產業八年多，無論是從現場布局還是演講技巧來說都得心應手，所以我有塑造的能力。

例如，如果主持人想請一個嘉賓上台講話，通常情況下嘉賓上台後要再做一遍自我介紹；但如果是我請嘉賓上台講話，我會在他上台之前就將他的形象塑造好，深入人心，所以他上台後無須自我介紹，可以直接講述自己的觀點內容。

如果沒有別人幫忙塑造你，那麼你要自己塑造自己。你的成績、結果、數據可以為你背書，這些一定要講出來，塑造自己的專業形象；否則，觀眾會懷疑你的專業程度，不屑聽你講。

(5) 直擊痛點

痛點是核心需求，也是必須要解決的需求。如果你直播的時間很短，那麼開場就要直擊痛點；如果你直播的時間很充裕，就可以預備好講痛點的時間。

痛點通常用一擊致命的問題引出。例如，「別人寫文案月入過萬，你也每天寫文案，變現為零」、「我有個私教學員很自律，每天4點半就起來直播，堅持了248天，但是變現為0。這就是所有學員的通病，那麼你想解決這個問題嗎？」由此我就可以引出下面的演講內容。

(6) 表明好處

表明好處是能夠吸引觀眾最直接的方法。例如，在上面的案例中，我對那位連續直播二百四十八天的學員說：「我有一個方法，你學會之後只要直播30天就能看到成效。」這就是最直觀的好處，我將利益直接擺出來，能否獲得這個好處全在對方自己。

(7) 給方案

在表明方案的好處之後，我們就要把方案拿出來。針對一個問題可以有多種解決方案，我們不需要一股腦地全給出來。因為給得太多，對方反而無所適從，不知道該從哪學起。

(8) 給夢想

直播演講不僅是一份養家糊口的事業，它更多的是帶我重新認識這個世界。當我到一個城市，我看到很多夥伴不僅賺到錢，他的人生也發生巨大的改變，我就會覺得我的夢想是有意義的。而這份夢想和意義也是讓我堅持下去的動力。如果在直播中可以將夢想傳達給觀眾，那麼直播主的事業高度又會再上一層樓。

同樣，產品也可以有夢想。例如，我們向觀眾推薦一款減肥產品，就要把使用產品後變瘦的情境講到位，如身體更健康、穿衣更有氣質等，讓他對產品能產生美好的想像。有些人直播很難成交，就是因為他沒有把夢想或使用後的好處講到位。

13.5 直播主魅力演講的進階之路

學習基本功和演講技巧後，就到了直播主魅力演講的進階之路：

(1) 要講知識

如果直播主在一場直播演講中輸出的全是情緒，沒有實用內容，那麼直播主和觀眾之間就很難建立實質性連結。對於知識付費直播主來說，好的內容是一切東西的根源，無論是何種方法或發散思考，都需要從根源出發。

在這個過程中，我們要建立目標和結果思維，我們的知識內容是為目標和結果服務的。

(2) 要講技巧

我們要明確自己的聽眾是哪些人，給他們一個清晰的定位。我在前文講過的「天龍八部法」就是魅力演講的技巧。技巧的根本在於要有層次地推進我們的演講，要在切入正題之前做好鋪陳。無論是情緒上的還是內容上的，都要層層遞進。

(3) 要講場次

直播主做一場直播演講和做一百場直播演講的效果是不同的。量變引發質變，直播中很多技巧是要靠直播主自己身臨其境去感悟的，經驗是累積出來的。即使在我的課程中表現優異的學員，我也會讓他們親自做幾場直播感受一下理論和實際演練的不同。

在一場場直播中，我們能夠逐漸明確自己的個人風格，找到自己的直播定位。

(4) 要講感覺

感覺是一種不可言傳的體會，只有累積足夠多的場次，感覺才會到位。在這一步中，利他思維很重要。利他不代表要無條件地討好對方，而是要用自己的感覺、立場影響對方。

好的感覺不是在第一次直播時就能傳遞給別人的，也不是坐在別人面前就能傳遞的，而是透過日積月累形成的。例如，有些觀眾會對某直播主產生天然的好感，覺得這個直播主講得太好了。這就證明直播主已經給觀眾形成好的感覺，這是一種較高的直播境界。所以，我們在日常直播時要注意在認知上吸引觀眾，在智慧上引領觀眾，以累積他的好感。

(5) 要講能量

能量越強的人，越容易與他人建立連結。而且，能量可以顛覆自己的演講能力。

以我做過的色彩能量演講為例。紅色能量的人行動力強、敢打敢拚，但是容易三分鐘熱度，對於這種人就要和他談夢想，讓他為激情買單；橙色能量的人心思細膩，但遇事容易舉棋不定，對於這種人要給他關注和讚賞；黃色能量的人目標感強、相信結果，但很容易驕傲，對於這種人要讓他為提升自己買單；綠色能量的人大多溫柔和藹，這種人樂於為情懷買單；藍色能量的人使命感強，這種人要靠價值觀吸引；紫色能量的人自由自在，要先吸引他，再引領他。

總而言之，要想在魅力演講的路上再上一層樓，你就要由內而外地全方位提升自己，只有這樣才能夠展現自己的魅力，吸引觀眾。

13.6 直播主魅力蛻變之旅

要想成為魅力直播主的人，都是熱愛這個產業的人，期待在這個產業能夠有所發展，有所成就。所以，我們要先為自己做好長期規劃，即找到自己的使命願景，重塑自己的價值觀。

第一，確定使命願景。無論對於知識付費直播主還是帶貨直播主來說，不管是透過演講傳遞知識還是銷售產品，都需要有自己的立場和使命願景，即我的使命是什麼、我能幫助大家實現哪些心願。有使命感的人，做起事情也格外有動力。

第二，打造暢銷品。暢銷品就像一個舞蹈團隊中最顯眼的人。暢銷品需要有特別凸顯的優勢，如性價比足夠高等。打造暢銷品可以透過問卷調查對某款產品進行前期測試，透過觀眾回饋進行優化，凸顯產品自身的差異性，拉開與其他競品的距離。

第三，設計發送情境。發送情境可以從兩方面來講，一方面是直播間的發送情境，另一方面是發送的時間。

直播間的情境除了要呈現給觀眾看，還要呈現給直播主自己和工作人員看。例如，我曾經做過色彩能量演講，所以我很注重直播間的色彩設計。當我想講一些輕鬆的話題時，我就會將環境的燈光、布景設計為明快的顏色，播放一些愉快的音樂。當我想讓直播間呈現平和的情境時，我會選用綠色的布景，擺放一些綠色盆栽，燈光也不要過於明亮，音樂選擇平靜的鋼琴曲，有時候我還會點一些香氛，或沏一壺香茶，這些都有助於直播間的情境呈現。

此外，我也會特別注意產品的發送節點。例如，在「三八」婦女節前後，我就可以講女性魅力的課程；在父親節、母親節前後，我就可以做有關家庭幸福的直播演講。

第四，舉辦交付，即售後服務。售後服務屬於產品體驗商業模式中的關鍵之一。試想當觀眾收到的產品有瑕疵時，他一定很失望甚至生氣。這時我們就要向觀眾賠禮道歉，並為其免費更換新產品。我曾經在課程中說過，如果觀眾對我的課程不滿意，可以七天無條件退課退款，我還會免費為其贈送一門價值二百六十八元的試用課程。

第五，復盤循環。無論對於大直播主還是小直播主來說，每次直播結束後，整個團隊進行復盤都是必要的一環。復盤的主要內容包括選品／選課、工作人員的互動、直播間的環境布置效果等。可以說，每一次復盤都是為了下一次更好的直播呈現。

復盤後就是重新確定新的使命願景、價值觀，再次推出暢銷品……如此進入新一輪的迭代循環。

以上五個重點就構成完整的商業模式。直播主能夠順暢地走完這個商業模式，也就意味著直播主正在進行自我蛻變、自我提升，而直播主的魅力也在這個過程中不斷地得到提升和展現。

請寫下你專屬的直播策略

實用知識88

直播變現關鍵三力

3個核心能力 × 82個成交策略，帶你從0到直播帶貨達人

原文書名：直播三力：表達力、說服力、變現力
作　　者：洳　冰
責任編輯：王彥萍
校　　對：王彥萍、簡又婷
封面設計：萬勝安
版型設計：Yuju
排　　版：詹雅卉
寶鼎行銷顧問：劉邦寧

發 行 人：洪祺祥
副總經理：洪偉傑
副總編輯：王彥萍
法律顧問：建大法律事務所
財務顧問：高威會計師事務所
出　　版：日月文化出版股份有限公司
製　　作：寶鼎出版
地　　址：台北市信義路三段151號8樓
電　　話：(02)2708-5509 / 傳　　真：(02)2708-6157
客服信箱：service@heliopolis.com.tw
網　　址：www.heliopolis.com.tw
郵撥帳號：19716071 日月文化出版股份有限公司

總 經 銷：聯合發行股份有限公司
電　　話：(02)2917-8022 / 傳　　真：(02)2915-7212
製版印刷：軒承彩色印刷製版股份有限公司
初　　版：2023年11月
定　　價：450元
ＩＳＢＮ：978-626-7329-69-6
文化部部版臺陸字號112112號

中文繁體版通過成都天鳶文化傳播有限公司代理，由人民郵電出版社有限公司授予日月文化出版股份有限公司獨家出版發行，非經書面同意，不得以任何形式複製轉載。

國家圖書館出版品預行編目資料

直播變現關鍵三力：3個核心能力 × 82個成交策略，帶你從0到直播帶貨達人 / 洳冰著. -- 初版. -- 臺北市：日月文化出版股份有限公司,2023.11
304面；14.7 × 21公分. --（實用知識；88）

ISBN 978-626-7329-69-6（平裝）

1.CST：網路行銷 2.CST：網路社群 3.CST：電子商務

496　　112015598

日月文化集團
HELIOPOLIS
CULTURE GROUP

客服專線 02-2708-5509
客服傳真 02-2708-6157
客服信箱 service@heliopolis.com.tw

廣告回函
台灣北區郵政管理局登記證
北台字第 000370 號
免貼郵票

日月文化集團 讀者服務部 收

10658 台北市信義路三段151號8樓

對折黏貼後，即可直接郵寄

日月文化網址：**www.heliopolis.com.tw**

最新消息、活動，請參考 FB 粉絲團

大量訂購，另有折扣優惠，請洽客服中心（詳見本頁上方所示連絡方式）。

大好書屋　寶鼎出版　山岳文化

EZ TALK　EZ Japan　EZ Korea

大好書屋・寶鼎出版 BAODING・山岳文化・洪圖出版　EZ叢書館　EZKorea　EZTALK　EZJapan

日月文化集團
HELIOPOLIS
CULTURE GROUP

感謝您購買 **直播變現關鍵三力**
3個核心能力 × 82個成交策略，帶你從0到直播帶貨達人

為提供完整服務與快速資訊，請詳細填寫以下資料，傳真至02-2708-6157或免貼郵票寄回，我們將不定期提供您最新資訊及最新優惠。

1. 姓名：＿＿＿＿＿＿＿＿ 性別：□男 □女
2. 生日：＿＿＿年＿＿＿月＿＿＿日 職業：
3. 電話：（請務必填寫一種聯絡方式）
   （日）＿＿＿＿＿＿（夜）＿＿＿＿＿＿（手機）＿＿＿＿＿＿
4. 地址：□□□＿＿＿＿＿＿＿＿
5. 電子信箱：＿＿＿＿＿＿＿＿
6. 您從何處購買此書？□＿＿＿＿＿＿縣/市＿＿＿＿＿＿書店/量販超商
   □＿＿＿＿＿＿網路書店 □書展 □郵購 □其他
7. 您何時購買此書？ 年 月 日
8. 您購買此書的原因：（可複選）
   □對書的主題有興趣 □作者 □出版社 □工作所需 □生活所需
   □資訊豐富 □價格合理（若不合理，您覺得合理價格應為＿＿＿＿）
   □封面/版面編排 □其他＿＿＿＿＿＿
9. 您從何處得知這本書的消息： □書店 □網路／電子報 □量販超商 □報紙
   □雜誌 □廣播 □電視 □他人推薦 □其他
10. 您對本書的評價：（1.非常滿意 2.滿意 3.普通 4.不滿意 5.非常不滿意）
    書名＿＿＿ 內容＿＿＿ 封面設計＿＿＿ 版面編排＿＿＿ 文/譯筆＿＿＿
11. 您通常以何種方式購書？□書店 □網路 □傳真訂購 □郵政劃撥 □其他
12. 您最喜歡在何處買書？
    □＿＿＿＿＿＿縣/市＿＿＿＿＿＿書店/量販超商 □網路書店
13. 您希望我們未來出版何種主題的書？＿＿＿＿＿＿
14. 您認為本書還須改進的地方？提供我們的建議？

＿＿＿＿＿＿＿＿＿＿＿＿＿＿＿＿
＿＿＿＿＿＿＿＿＿＿＿＿＿＿＿＿
＿＿＿＿＿＿＿＿＿＿＿＿＿＿＿＿
＿＿＿＿＿＿＿＿＿＿＿＿＿＿＿＿

實 用

知 識

寶鼎出版